MW01623152

CLÁSICOS EXTRAORDINARIOS

Autor Martin Derrick

Clásicos Extraordinarios

Los Autos Más Caros del Mundo

Fotografía Simon Clay

Importado, publicado y editado en México en 2011 por/ Imported, published and edited in Mexico in 2011 by: Advanced Marketing, S. de R.L. de C.V. Calz. San Francisco Cuautlalpan No. 102 Bodega "D", Col. San Francisco Cuautlalpan, Naucalpan de Juárez, Edo. de México C.P. 53569

Título original / Original Title: Clásicos Extraordinarios / Million Dollar Classics
Traducción / Translation: Adriana de la Torre Fernández

Fabricado e impreso en China en Abril 2011 por / Manufactured and printed in China on April 2011 by: I Book Printing Ltd2/F, Elegance Printing CentreNo.8, A Kung Ngam Village RoadShaukeiwan, Hong Kong

Autor Martin Derrick

Fotografía Simon Clay y Tom Wood
Diseño por Diverse Design & Communications

ISBN: 978-607-404-430-0

11 10 9 8 7 6 5 4 3 2 1

Abreviaturas especiales usadas en las fichas técnicas

n.a.	no disponible
(F)	suspensión delantera
(R)	suspensión trasera
cc	centímetros cúbicos
in.	pulgadas
cu. in.	pulgadas cúbicas

CONTENIDO

La Marquise

1884 DE DION BOUTON ET TREPARDOUX DOS-À-DOS

Cualquier auto construido en el siglo diecinueve es importante históricamente, pero el prototipo construido en 1884 por De Dion, Bouton y Trepardoux en su fábrica en Puteaux, al oeste de París, en más significativo que la mayoría. Esto es debido a que esta máquina impulsada a vapor no sólo anunció el comienzo de unas de las empresas más importantes en la historia inicial del automóvil, además se reporta que ganó una de las primerísimas carreras de autos en 1887 cuando cubrió el recorrido de 19 millas (30km) a una velocidad promedio de 26mph (42km/h).

De hecho, no tenía carrocería. El carro fue construido en base a las líneas tradicionales de un carruaje, con un gran tanque de agua y una caldera vertical de coque al frente, y dos motores a vapor bajo el suelo – cada uno de estos dos motores, que funcionaban en tándem, impulsaba una rueda trasera. La caldera era alimentada con coque, carbón o madera, y se tardaba unos 40 minutos en elevar suficiente presión de vapor para impulsar el auto.

Cabían cuatro personas, dos de ellas sentadas detrás de los asientos delanteros y viendo hacia atrás, de allí el nombre del carro, Dos à Dos, que en francés significa "espalda con espalda".

El Marqués Albert De Dion mismo, llamó al auto "La Marquise", en honor no de su esposa, sino de su madre, y obviamente le tenía cierto afecto al vehículo, ya que lo conservó por muchos años, a pesar de que construyó muchos otros carros en las décadas que siguieron.

Trepardoux, el experto en vapor, dejó la compañía en 1894 cuando De Dion y Bouton dejaron claro que ellos veían al motor de combustión interna de cuatro tiempos como el futuro del automóvil. Tenían razón, y en su momento De Dion-Bouton se convirtió en el fabricante de motores más grande del mundo, produciendo unos 400 carros y 3,200 motores al año hacia 1900, y surtiendo de tecnología motriz a muchos otros fabricantes.

La Marquise fue reconocido como un auto pionero desde muy temprano, y fue orgullosamente exhibido en la Grand Exhibition de Grenoble en 1925. Más tarde fue restaurado y llevado al Reino Unido en donde ganó el Premio de Restauración y Preservación de la *UK National Steam Heritage Premier* en 1991. Aún más tarde reclamó los honores en el Concours' d'Elegance 1997 en Pebble Beach y fue nombrado por la *revista The Automobile Quarterly* el "Auto históricamente más importante de la exhibición".

En 1996 ganó todavía más honores en el Concurso Louis Vuitton de Londres y desde entonces ha tomado parte regularmente en la Carrera Anual de Autos Veteranos de Londres a Brighton en donde ha sido el auto más antiguo en terminar la carrera.

En el 2007 se vendió en subasta en Pebble Beach por US$ 3'520,000.

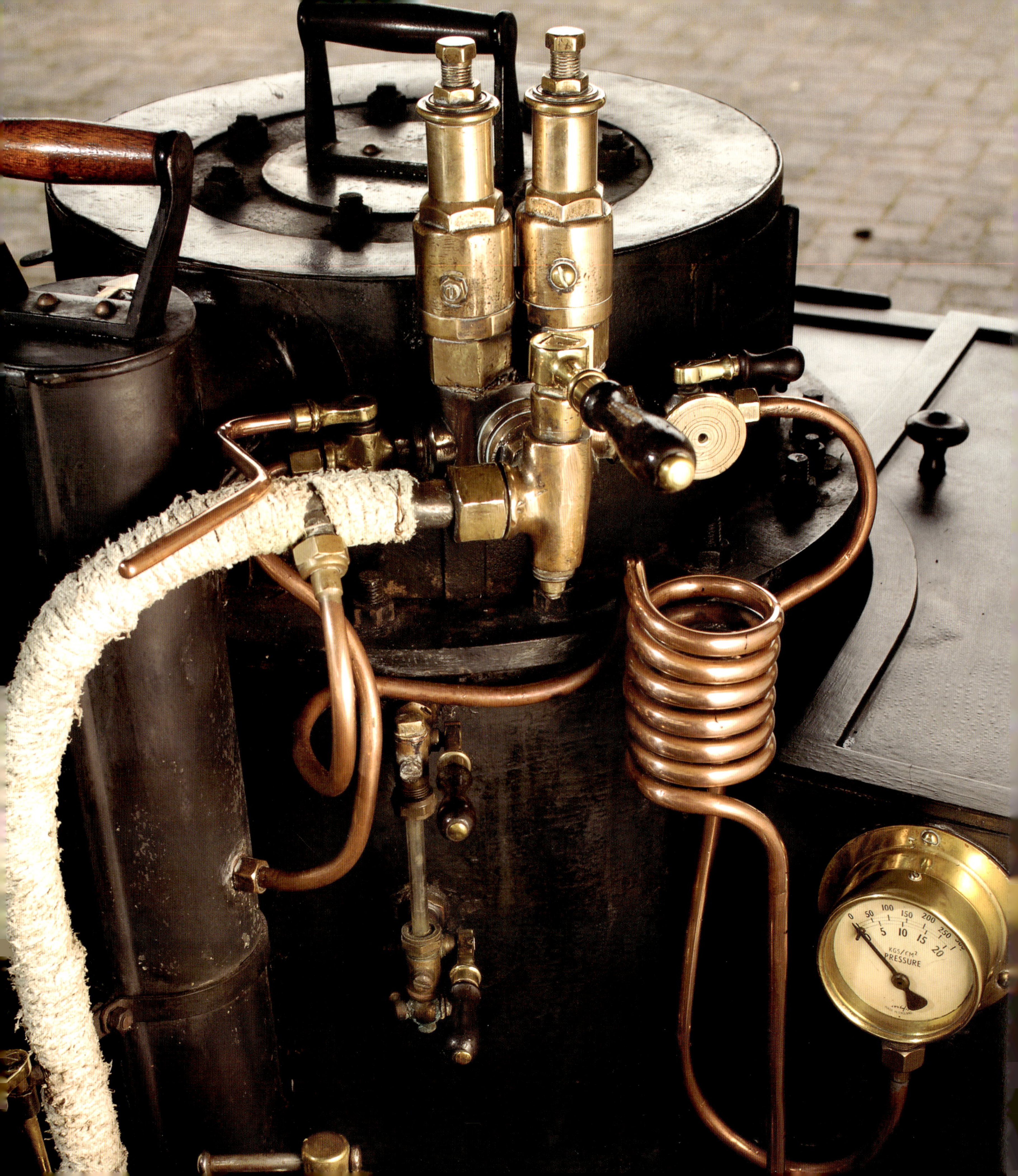
0 50 100 150 200 250
5 10 15 20
KGS/CM²
PRESSURE

País de origen:	Francia
Diseño de carrocería:	Tradicional
Fecha de fabricación:	1884
Potencia:	2bhp (1.472kw) @ 5200rpm
Torque máximo:	n.a.
Velocidad máxima:	61km/h (38mph)
0-60mph (0-97km/h):	n.a.
Transmisión:	Directa
Motor:	Dos motores a vapor en tándem
Longitud:	n.a.
Ancho:	n.a.
Distancia entre ejes:	n.a.
Peso oficial:	n.a.
Frenos:	No tiene
Suspensión:	Eje rígido (D); Eje rígido (T)
Precio en subasta:	US$ 3'520,000 (2007 £2'288,000; €2'682,592.00)

ière pleine d' eau
rche, ramoner le
marche, vider

BUGATTI
AM2678

1912 BUGATTI 5 LITROS

Cuando Ettore Bugatti renunció a la Compañía Deutz en Colonia en 1910 para establecer su propia firma en Molsheim, dejó claro en una carta abierta a sus clientes potenciales que tenía la intención de hacer un tipo de vehículo completamente nuevo.

"Considerando los enormes gastos a que han dado lugar hasta ahora, los carros rápidos y potentes", escribió, "he decidido crear una nueva clase de auto ligero, capaz de ofrecer los mismos servicios, que permita disfrutar la misma calidad, la misma libertad, pero libre para siempre del origen de los grandes gastos: el peso."

Por supuesto, los primeros carros Bugatti Tipo 10 pesaban sólo 349kg (769 lbs.) y fueron seguidos en la naciente línea de producción por modelos revisados y mejorados, como el Tipo 13 y el Tipo 15 (un ejemplar del cual, originalmente vendido al Príncipe Hohenloe de Austria-Hungría en 1910, es actualmente el Bugatti más antiguo que existe).

Ese año también marcó lo que probablemente fue la primera entrada en una competencia de un Bugatti, cuando M. Darritchon compitió en la Carrera de Montaña Gaillon en Normandía en un standard Tipo 13, y llegó en segundo lugar en la clase de autos de turismo. Pronto los Bugattis aparecían en otras carreras de montaña e incluso en el Grand Prix de Francia de 1911, donde Ernest Friderich ganó en su clase.

Animado por estos tempranos éxitos, Bugatti desarrolló un carro específicamente para carreras. Cuatro ejemplares del Tipo 18 fueron terminados entre 1912 y 1914, equipados con un motor más grande de 5 litros con tres válvulas por cilindro. Raras veces estos autos eran accionados por cadenas, y fueron los únicos carros de marca Bugatti en utilizar este método de tracción, aunque el Tipo 8 que también Ettore había diseñado para Deutz, era accionado por cadenas. El embrague multidisco también era muy similar a un diseño que Bugatti había creado para Deutz, aunque se eligió una disposición diferente de la suspensión trasera, y se descartaron los muelles semi elípticos de Deutz para favorecer unos muelles elípticos de cuarto invertido.

Sólo se construyó un puñado de autos Tipo 18. Este ejemplar, manejado por Bugatti mismo, se estimó entre €1,800,000 y €2,400,000 cuando fue subastado, pero no fue vendido.

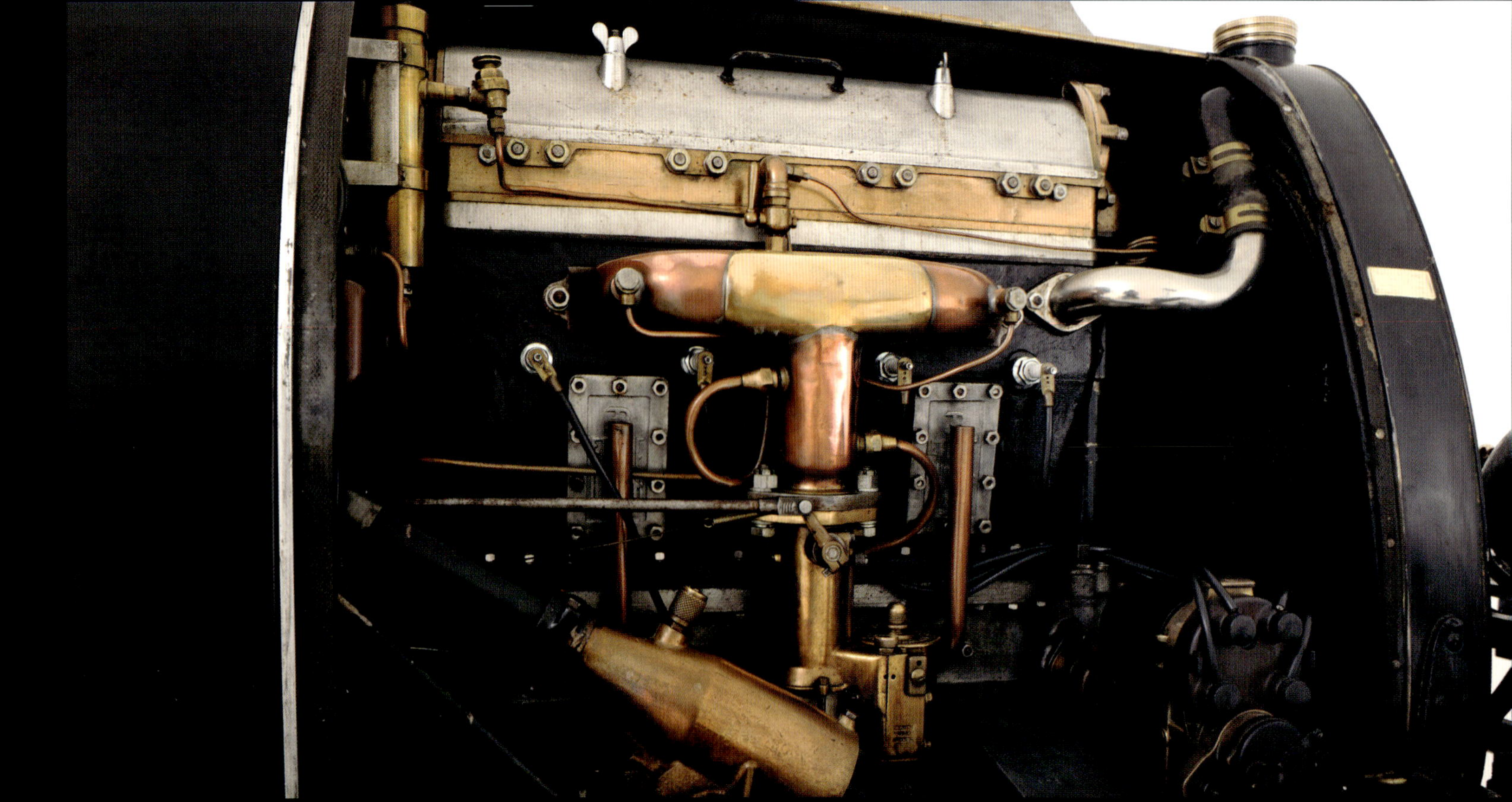

País de origen:	Francia
Diseño de carrocería:	Bugatti
Fecha de fabricación:	1912-14
Potencia:	100bhp (74.5kw) @ 2800rpm
Torque máximo:	n.a.
Velocidad máxima:	99mph (160km/h)
0-60mph (0-97km/h):	n.a.
Transmisión:	Manual 4 velocidades
Motor:	5,027cc cuatro cilindros en línea
Longitud:	n.a.
Ancho:	n.a.
Distancia entre ejes:	2550mm (100.4 in.)
Peso oficial:	1250kg (2750 lbs.)
Frenos:	Tambores traseros
Suspensión:	Eje diferencial, ballestas semi elípticas y amortiguadores de fricción (F); eje diferencial con ballestas de cuarto invertidas (R)
Valor estimado:	US$ 2.36–3.15 millones (£1.54–2.05 millones; €1,8–2.4 millones)

1913 BUGATTI BLACK BESS 5 LITROS TIPO 18

En 1912 Ettore Bugatti, quien recientemente había establecido una fábrica en Molsheim, Alsacia, empezó a construir una pequeña cantidad de carros de 5 litros de cuatro cilindros, pensados para usarse en competencias. Él mismo ganó en su clase en Mont Ventoux en 1912 y otros entraron en las 500 Millas de Indianápolis de 1914, la Copa Vanderbilt y el Grand Prix de California de 1915, aunque con poco éxito.

El auto fue construido siguiendo las líneas de un diseño inicial de Deutz (donde Bugatti había estado trabajando antes de establecerse por su cuenta) e incorporaba el accionamiento por cadena a las ruedas traseras – los únicos Bugatti en usar ese diseño. El motor de 5 litros de cuatro cilindros y tres válvulas por cilindro operado mediante un árbol de levas, producía 100bhp a 2,800rpm. Este diseño de cabeza de cilindro de tres válvulas se convirtió casi en una marca de Bugatti y fue usado en muchos de sus autos más famosos, incluyendo el legendario Tipo 35.

Ya desde 1912, los autos Bugatti eran famosos por su desempeño y se cree que la máxima velocidad del Tipo 18 puede haber estado cercana a las 100mph (161kmph) a pesar de que estos autos sólo tenían frenos en las llantas traseras.

Pero no fue el desempeño en sí lo que llamó la atención del mundo sobre este auto tanto como los primeros propietarios de un ejemplar en particular, que fue originalmente entregado al aviador francés Roland Garros en septiembre de 1913. Él le encargó una carrocería compacta tipo torpedo a la firma Labourdette, pero sólo la pudo disfrutar poco tiempo debido al surgimiento de la Primera Guerra Mundial en 1914, y a que fuera tristemente muerto poco antes del Armisticio. Este auto fue luego vendido al ingeniero en jefe de la compañía fabricante de autos Sunbeam, Louis Coatalen, quien luego lo vendió a Ivy Cummings en 1919 quien lo corrió en Bretaña hasta 1924 bajo el nombre de "Black Bess".

Luego fue comprado por LH Preston quien lo corrió en Brooklands antes de vendérselo al reconocido actor James Robertson Justice. Luego fue comprado por el presidente del club de Propietarios de Bugattis del Reino Unido, el Coronel GM Giles quien lo restauró antes de venderlo por la modesta cantidad de £200 a Rodney Clarke en 1938. Diez años después él se lo vendió en £400 a Peter Hampton quien lo conservó hasta 1988 cuando fue vendido a un entusiasta anónimo de los Bugatti.

Aun sin una historia tan ilustre, el Bugatti de 5 litros sería un auto altamente deseable, ya que sólo se construyeron siete ejemplares y sólo se sabe de tres que hayan durado hasta la fecha. No es de extrañar entonces, que haya llegado a los US$ 2'427,500 en la venta Bonhams de 2009 de la exhibición Retromobile de París.

País de origen:	Francia	Ancho:	n.a.
Diseño de carrocería:	Labourdette	Distancia entre ejes:	2550mm (100.4 in.)
Fecha de fabricación:	1912-14	Peso oficial:	1250kg (2750 lbs.)
Potencia:	100bhp (74.5kw) @ 2800rpm	Frenos:	Tambores traseros
Torque máximo:	n.a.	Suspensión:	Eje diferencial, ballestas semi elípticas y amortiguadores de fricción (F); eje diferencial con ballestas de cuarto invertidas (R)
Velocidad máxima:	160km/h (99mph)		
0-60mph (0-97km/h):	n.a.		
Transmisión:	Manual 4 velocidades		
Motor:	5,027cc cuatro cilindros en línea	Precio en subasta:	US$ 2,427,500 (2009 £1,563,728; €1,824,024)
Longitud:	n.a.		

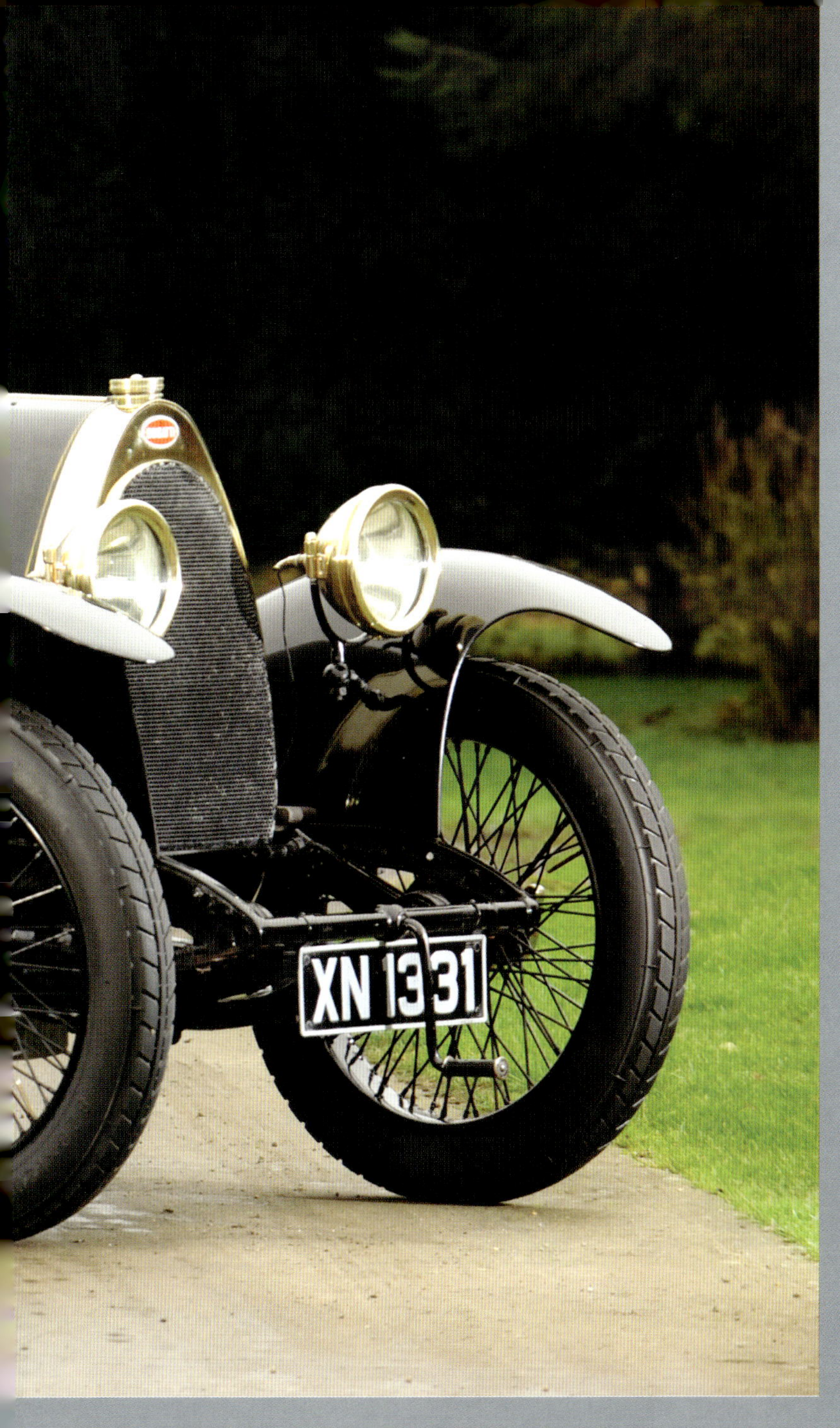
XN 1331

30
×100
25
5
20
15
10

1930 DUESENBERG PHAETON DUAL COWL MODELO J

Cuando Errett Lobban Cord compró la compañía Duesenberg en 1926, ya había restaurado y revitalizado a la empresa Auburn y esperaba llevar la misma energía y focalizado compromiso para sacar a la Duesenberg del estancamiento económico posterior a la Primera Guerra Mundial.

La tarea que les dio a los hermanos Duesenberg era sencilla pero altamente ambiciosa: Construir el auto más fino del mundo, mejor que el Hispano-Suiza, el Rolls-Royce o el Bugatti. Los hermanos respondieron con entusiasmo y crearon un auto que no sólo estuvo a la altura de las expectativas de Cord: las excedieron. El Duesenberg Modelo J combinó un asombroso desempeño (una velocidad máxima muy por encima de las 109mph o 175km/h) con los niveles de ingeniería más finos, bellas carrocerías y los interiores más lujosos.

La potencia provenía de un motor en línea de 8 cilindros de 6,882cc con árboles de levas gemelos y cuatro válvulas por cilindro, que producían 265bhp, una cifra enorme en esos días. Los clientes ordenaban un chasis de la fábrica que costaba US$ 8,500 en 1929 cuando lo empezaron a fabricar, y que llegó a los US$ 9,500 en 1931 – ¡y esto en una época en que el Ford básico familiar costaba alrededor de los US$ 600! Una vez traído el chasis (cada uno había sido probado a 100 millas (161km) antes de que lo llevaran a los fabricantes de carrocerías) los clientes elegían una carrocería que podía costar desde los US$ 3,000 hasta los US$ 20,000, además del precio del chasis.

Uno de esos fabricantes de carrocerías era LeBaron, quien ofrecía varios estilos de carrocerías para el Duesenberg J. Se construían ya fuera en un chasis con distancia entre ejes corta o larga, y la construcción podía ser abierta o cerrada. Phaeton fue el nombre dado a los convertibles de cuatro plazas, entre los estilos más populares de Duesenberg. Menos común fue la carrocería "barrel-side", en donde la parte superior de la carrocería se enrollaba hacia el interior. También contaba con una insólita moldura con forma de paralelogramo en la línea de cintura. Sólo se construyeron cinco de esos "Barrel-sides", lo que hace a este modelo J aun más especial.

El Duesenberg Modelo J fue lo máximo en lujo, opulencia y estilo y, sobra decirlo, el coto de sólo los más ricos de la elite privilegiada. Incluso la publicidad contemporánea reflejaba esto, con una sola línea de texto: "Él maneja un Duesenberg" o "Ella maneja un Duesenberg".

La naturaleza exclusiva y única de los Duesenbergs se ha reflejado en valores grandemente inflados a través de los años. Este Duesenberg Modelo J Dual Cowl Phaeton se vendió en una subasta por US$ 1'320,000 ya en 1990, un precio inimaginable en esos días. Sin embargo su valor continúa subiendo y cuando volvió a estar bajo el martillo, en 2006, llegó a los US$ 3'190,000.

País de origen:	Estados Unidos
Diseño de carrocería:	LeBaron
Fecha de fabricación:	1929-37
Potencia:	265bhp (198kw) @ 4250rpm
Torque máximo:	374 lb.ft (507Nm) @ 2000rpm
Velocidad máxima:	175km/h (109mph)
0-60mph (0-97km/h):	10.5 segs
Transmisión:	Manual 3 velocidades
Motor:	420 in. cu. (6,882cc) ocho cilindros en línea
Longitud:	5652mm (222.5 in.)
Ancho:	1828mm (72 in.)
Distancia entre ejes:	3619mm (142.5 in.)
Peso oficial:	2390kg (5269 lbs.)
Frenos:	Tambores
Suspensión:	Eje rígido con muelles semi elípticos y amortiguadores hidráulicos de palanca (F); Eje diferencial con muelles semi elípticos y amortiguadores hidráulicos de palanca (R)
Precio en subasta:	US$ 3,190,000 (2006 £2'073,500; €2,431,099)

1930 MERCEDES-BENZ SS

Se ha reportado que Mercedes-Benz perdió dinero en cada uno de los cerca de 400 autos modelo S que construyó entre 1927 y 1932, pero estos autos representaban para la compañía lo máximo en publicidad móvil para sus productos y competencia en ingeniería. La compañía había aprendido a supercargar motores aéreos durante la Primera Guerra Mundial pero le fue prohibido por el Tratado de Versalles el desarrollo o manufactura posterior de motores aéreos. Pero ese conocimiento fue puesto en buen uso cuando Ferdinand Porsche llegó a la compañía como Jefe de Ingenieros y empezó a desarrollar una nueva línea de autos deportivos.

Estos fueron el S (por Sport), SS (Supersport) en 1928, SSK (Super Sport Kurz – "Corto") de 1929 y SSKL (Super Sport Kurz Leicht – "Corto Ligero") de 1931. El nuevo carro inmediatamente mostró su pedigrí cuando uno de los primeros Mercedes Tipo S ganó el primer Grand Prix en la recién inaugurada Nürburgring en 1927 e introdujo a los espectadores al feroz rugido de un motor supercargado altamente revolucionado.

Se hizo crecer el motor de 6,800cc a 7,065cc para el modelo SS, en el que Rudi Caracciola ganó el Grand Prix de Alemania en 1928 frente a los Bugattis del Grand Prix, y el Trofeo Ulster Tourist de 1929, venciendo al equipo de tres Bentleys de 4.5 litros "Blower" en el proceso.

Y sin embargo, el Mercedes-Benz SS – también conocido como el 38/250 – tenía un alta demanda como auto de turismo y pronto ganó una reputación como uno de los mejores autos del mundo de su época, combinando un desempeño asombroso con un estilo que sería emulado por otros fabricantes en los años que siguieron.

El SS era un poco más ligero que el modelo S, y su potencia fue incrementada a 200bhp. Esto fue más que suficiente para proporcionar una velocidad máxima de 115mph (185km/h) y una aceleración de 0-60mph en menos de 15 segundos. Hoy no parece mucho, pero en 1928 ese era un carro de máximo desempeño. La mayoría se ofrecían de fábrica con una carrocería con cuatro asientos pero a algunos se les colocaban carrocerías especiales.

Se cree que se fabricaron 173 modelos SS y aunque el auto nominalmente siguió en producción hasta 1933 de hecho la mayoría se vendió antes de 1930. Para entonces, Ferdinand Porsche había dejado la Mercedes-Benz tras una pelea con el consejo, pero su legado vive en una línea de magníficos autos deportivos que combinan el poder bruto con una elegancia discreta.

Rara vez llegan ejemplares finos a una subasta, pero un Mercedes-Benz 38/250 SS Sports Tourer 1930 altamente original, fue ofrecido en agosto de 2010 y naturalmente llegó a los US$ 2'537,000. Algunos dirían que es un precio pequeño para un carro tan emblemático.

30
25
20
MERCEDES

País de origen:	Alemania
Diseño de carrocería:	Mercedes-Benz
Fecha de fabricación:	1928-33
Potencia:	200bhp (149kw) @ 3400rpm
Torque máximo:	(332 lb.ft.)
Velocidad máxima:	185km/h (115mph)
0-60mph (0-97km/h):	15.0 segs
Transmisión:	Manual 4 velocidades
Motor:	7,065cc seis cilindros en línea
Longitud:	5200mm (205 in.)
Ancho:	700mm (70 in.)
Distancia entre ejes:	3400mm (134 in.)
Peso oficial:	2268kg (5000 lbs.)
Frenos:	Tambores
Suspensión:	Eje diferencial, ballestas semi elípticas, amortiguadores de fricción (F); Eje diferencial, ballestas semi elípticas, amortiguadores de fricción (R)
Precio en subasta:	US$ 2'537,000 (2010 £1'649,050; €1'933,447)

1931 BUGATTI ROYALE TIPO 41

El Bugatti Royale, o Tipo 41, fue pensado desde el principio para reyes, reinas, emperadores y otros jefes de estado. Ettore Bugatti había comenzado a pensar en producir un auto de lujo extremo ya desde 1913, cuando visualizó un auto "más grande que un Rolls-Royce, pero más ligero... con una carrocería cerrada que alcanzará los 150km/h (93mph) y espero hacerlo silencioso... sin duda será un auto y una obra de ingeniería más allá de toda crítica".

El primer prototipo se construyó en 1926 y tenía una carrocería descapotable hecha por Packard. Bugatti pretendía que esta fuera la base de una producción de 25 Royales, pero el inicio de la Gran Depresión ocasionó que de hecho sólo se fabricaran seis ejemplares y sólo tres de ellos se vendieron.

Fue acondicionado con dos puertas de extraña proporción, una carrocería de tres asientos en 1928 y una tercera carrocería el mismo año, esta vez una berlina más elegante, construida en el estilo de un carruaje clásico.

Buscando un aspecto más moderno, luego fue equipado con una carrocería mucho más elegante, de dos puertas, fabricada por el especialista parisino Weymann en 1929. Este auto quedó destruido en un accidente y fue reconstruido con una carrocería totalmente nueva, diseñada por el joven Jean Bugatti. Este diseño, que le debía mucho al estilo de los autos Duesenberg, fue llamado el "Coupé Napoleón". En ese momento era el auto más grande del mundo, con un masivo motor de 15 litros, si bien los autos de producción posterior fueron equipados con un planta de generación ligeramente más modesta de 12.7 litros con ocho cilindros en línea. Estaba basado en un diseño de aeromotor creado por la Fuerza Aérea Francesa y tenía tres válvulas por cilindro aunque un solo carburador.

De los Royale que finalmente se vendieron, el primero fue para el empresario Armand Esders en 1932, equipado con una hermosa carrocería descapotable de dos plazas, sin faros, ya que Esders no tenía la intención de conducir de noche. Luego fue equipado con una carrocería Coupe de Ville hecha por Henry Binder de París y se rumoró que fue comprado por Volkswagen (los nuevos propietarios de la marca Bugatti) por cerca de US$ 15'000,000 en 1999.

Otros Royales están en el Museo Henry Ford en Detroit y en el Museo Nacional de Autos de Francia. Otro fue vendido a la Colección Blackhawk en California en US$ 8'000,000 en 1991. Un coupé con carrocería Kellner llegó a los US$ 8'700,000 en 1983, luego fue vendido a la Corporación Japonesa Meitec en US$ 15'700,000 en 1990 y luego fue ofrecido en £10'000,000 en 2001. Es poco probable que un Royale esté por abajo de los US$ 10'000,000.

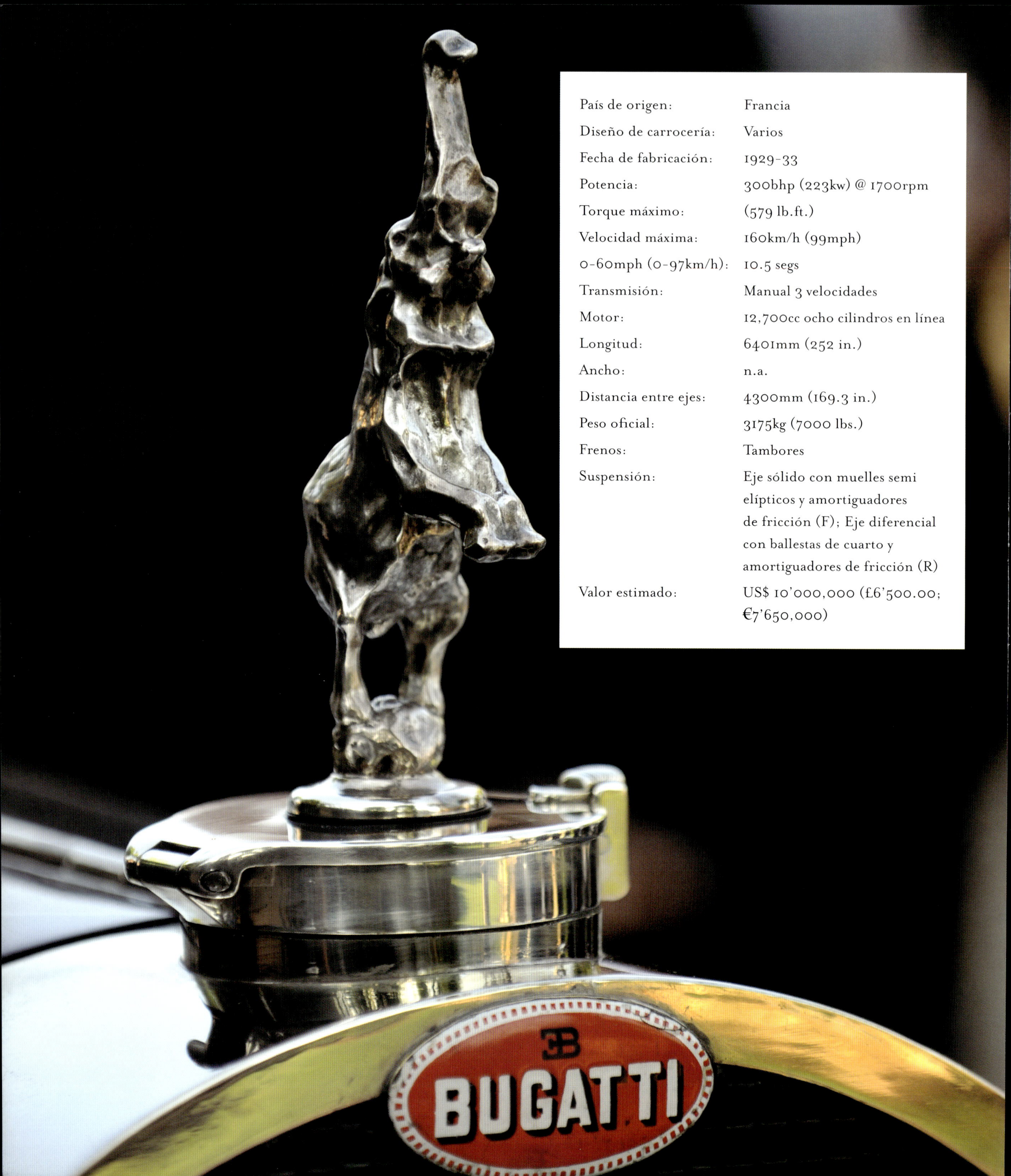

País de origen:	Francia
Diseño de carrocería:	Varios
Fecha de fabricación:	1929-33
Potencia:	300bhp (223kw) @ 1700rpm
Torque máximo:	(579 lb.ft.)
Velocidad máxima:	160km/h (99mph)
0-60mph (0-97km/h):	10.5 segs
Transmisión:	Manual 3 velocidades
Motor:	12,700cc ocho cilindros en línea
Longitud:	6401mm (252 in.)
Ancho:	n.a.
Distancia entre ejes:	4300mm (169.3 in.)
Peso oficial:	3175kg (7000 lbs.)
Frenos:	Tambores
Suspensión:	Eje sólido con muelles semi elípticos y amortiguadores de fricción (F); Eje diferencial con ballestas de cuarto y amortiguadores de fricción (R)
Valor estimado:	US$ 10'000,000 (£6'500.00; €7'650,000)

1932 BUGATTI TIPO 55

Ettore Bugatti fue un genio del automóvil que creó una compañía con una reputación inigualable para autos de alto desempeño y de carreras. Y cuando llegó el momento de pasar la estafeta a la siguiente generación, su hijo Jean Bugatti probó que él también tenía el toque de un genio.

El Bugatti Tipo 55 fue inicialmente presentado en la Exposición de Autos de París de 1931, basado en el chasis del auto Tipo 54 Grand Prix, y contaba con el motor de 2.3 litros de doble árbol de levas del auto Tipo 51 Grand Prix equipado con un carburador Zenith y un supercargador tipo Rootes. Estaba ligeramente desafinado, con una proporción de compresión más baja para hacerlo más manejable y permitirle funcionar con la gasolina común que estaba disponible entonces para los motoristas, pero aun ofrecía un buen desempeño, y las pruebas contemporáneas afirman que alcanza una velocidad máxima de 112mph (180km/h).

Pero tan importante como el desempeño del Tipo 55 era su aspecto. Varios cuerpos diferentes fueron creados por fabricantes independientes de carrocerías, pero de los 38 autos Tipo 55 construidos, siete fueron coupés de fábrica y dieciséis lucían un trabajo elegante y maravilloso de dos plazas diseñado por Jean Bugatti mismo, a la tierna edad de 22 años.

Al frente estaba la parrilla tradicional Bugatti con forma de herradura, a cuyos lados corría una larga línea fluida que iba de lado a lado sin interrupción, y descendía abruptamente a los lados para dar acceso al habitáculo. Se ha sugerido que este estilo fue la inspiración para las líneas del impresionante Bugatti Royale. Un aspecto del diseño que colocó al 55 en un lugar a parte fue el uso de molduras que se adelgazaban a lo largo del cofre y la cajuela, lo que le permitió a Jean Bugatti adoptar un esquema de colores de dos tonos.

Este magnífico carro deportivo – con frecuencia llamado el auto más atractivo jamás vendido – se llegó a conocer como el Super Sport Tipo 55 y se vendió en su nativa Francia en 72,500 francos – una suma enorme a principios de los 1930's. En su mayoría fueron usados por propietarios ricos como autos de turismo pero algunos sí entraron en carreras, incluyendo Le Mans en 1934 cuando el Bugatti Tipo 55 de Brunet llegó al quinto lugar antes de chocar y quedar fuera de la competencia. De los 38 autos originales, se sabe que 30 sobreviven y seis de ellos son propiedad del Museo Nacional de Autos de Francia. Otros ejemplares rara vez llegan al mercado, pero uno de ellos llegó a las £1'108,000 en una subasta en 2003, y otro logró los €2'097,500 en una subasta en Mónaco en 2008.

País de origen:	Francia	Ancho:	1760mm (69.3 in.)
Diseño de carrocería:	Jean Bugatti	Distancia entre ejes:	2750mm (108.2 in.)
Fecha de fabricación:	1931-35	Peso oficial:	1200kg (2645 lbs.)
Potencia:	130bhp (95.7kw) @ 5000rpm	Frenos:	Tambores operados por cable
Torque máximo:	(129 lb.ft.) (175Nm)	Suspensión:	Eje diferencial, ballestas semi elípticas y amortiguadores de fricción (F); Eje diferencial con ballestas semi elípticas y amortiguadores de fricción (R)
Velocidad máxima:	180km/h (112mph)		
0-60mph (0-97km/h):	13 segs		
Transmisión:	Manual 4 velocidades		
Motor:	2,262cc ocho cilindros en línea	Precio en subasta:	US$ 2'752,263 (2008 £1'788,971; €2'097,500)
Longitud:	4700mm (185 in.)		

1933 BUGATTI TIPO 59 SUPERCARGADO 3.3 LITROS

A pesar de que el Bugatti Tipo 59 Grand Prix se quedó atrás en el tiempo de muchas formas, el carro sí tenía ejes sólidos y frenos de tambor operados por cable en una época en que sus rivales en las carreras aún se movían en suspensiones independientes y sistemas de frenos hidráulicos – este fue el último Bugatti Grand Prix exitoso.

Cuando salió, el Tipo 59 estaba equipado con un motor de ocho cilindros en línea, de 2.8 litros, supercargado, sobre lo que en esencia era un chasis con distancia entre ejes más corta, derivado del Tipo 54.

El nuevo auto apareció por primera vez en 1933 pero se introdujo una nueva fórmula de 750kg en 1934, en que los carros hubieron de ser modificados y se les hicieron agujeros en el chasis para quitarles peso. Después de varios contratiempos, el Tipo 59 logró ganar en manos de Dreyfuss en el Grand Prix de Bélgica y piloteado por Wimille en el Grand Prix de Argelia en 1934, pero Ettore Bugatti se retiró de correr en los Grand Prix al verse incapaz de competir al nivel contra Alfa Romeo, Mercedes-Benz y Auto Union debido a que el gobierno francés declinó apoyar a Bugatti financieramente a la manera en que los gobiernos de Italia y Alemania apoyaban a sus equipos nacionales. Sin embargo, la carrera del Tipo 59 no fue totalmente recortada antes de tiempo ya que Bugatti vendió cuatro autos Tipo 59 a ciertos individuos en Gran Bretaña y en sus manos el Tipo 59 capturó un puñado de victorias en los Grand Prix en los siguientes años. Bugatti también vendió uno de los Tipo 59 restantes al Rey Leopoldo de Bélgica.

El motor original de 2.8 litros del Tipo 59, incluso con la ayuda de su supercargador tipo Rootes y carburadores Zenith de doble tiro descendente, no era competitivo ante su principal rival, el Alfa Romeo P3. Cuando el tiempo del pistón se incrementó de 88 a 100mm y la capacidad fue aumentada a 3,257cc, el Bugatti 59 era suficientemente rápido, pero desafortunadamente no era confiable. Su caja de cuatro velocidades en particular, montada entre el motor y el eje trasero, era su punto débil.

El auto se veía ciertamente imponente, tan elegante como el anterior Tipo 35 con su radiador en forma de herradura, la parte trasera que se adelgazaba, y su carrocería toda de aluminio. Esta fue también la primera aparición en un Bugatti de las ruedas con rayos 'alambre de piano' – una solución Bugatti típicamente elegante, ya que los rayos sólo se necesitaban para soportar cargas radiales, pues una placa trasera de aluminio aguantaba las cargas del torque relacionadas con acelerar y frenar.

Bugatti había planeado construir originalmente 12 chasis Tipo 59, aunque al parecer sólo se fabricaron ocho ejemplares y se sabe que cinco de ellos existen a la fecha. El último en aparecer en una subasta, en 2005, logró una cifra de £1'321,500 a pesar de no ser de carreras.

EAD OFFICE
BROOK MEWS NORTH
TER GATE W2 PADD 8886 8887

País de origen:	Francia
Diseño de carrocería:	Bugatti
Fecha de fabricación:	1933-36
Potencia:	250bhp (187kw) @ 5500rpm
Torque máximo:	n.a.
Velocidad máxima:	256km/h (159mph)
0-60mph (0-97km/h):	n.a.
Transmisión:	Manual 4 velocidades
Motor:	3,257cc ocho cilindros en línea
Longitud:	3744mm (147.4 in.)
Ancho:	1630mm (64.2 in.)
Distancia entre ejes:	2597mm (102.2 in.)
Peso oficial:	748kg (1649 lbs.)
Frenos:	Tambores operados por cables
Suspensión:	Eje sólido, ballestas semi elípticas y amortiguadores de Ram (F); Eje diferencial con ballestas semi elípticas invertidas y amortiguadores de Ram (R)
Precio en subasta:	US$ 2'033,076 (2005 £1'321,500; €1'549,407)

FOR
BUGATTI
M G
ALFA ROMEO
FOR
BUGATTI
M G
ALFA ROMEO
BUGATTI

1933 DUESENBERG MODELO PHAETON SJ

Los hermanos Duesenberg, Augie y Fred, empezaron construyendo carros de carreras, luego en 1920 lanzaron su primer auto de turismo, el Modelo A. Ellos hicieron y vendieron alrededor de 600 ejemplares antes de que su compañía fuera comprada por Errett Lobban Cord. Cord había hecho de la empresa Auburn un éxito y ahora motivó a los Duesenbergs a crear el carro más fino de América, sin que el dinero fuera una objeción.

Primero apareció en diciembre de 1928 en el New York Auto Show cuando un elegante y poderoso Duesenberg modelo J fue develado. Tenía un enorme motor de 420 cu.in. de ocho cilindros en línea construido por el fabricante de aeronaves Lycoming y contaba con dos árboles de levas y cuatro válvulas por cilindro, produciendo supuestamente 265bhp a 4,250rpm – lo que lo hacían el doble de potente que cualquier otro carro en el mercado en esa fecha.

Fue un éxito inmediato, particularmente con las estrellas de Hollywood como Gary Cooper, Clark Gable, Greta Garbo y Mae West. Los hermanos Duesenberg habían tenido éxito en crear uno de los autos más finos y opulentos del mundo, pero su desempeño era menos que espectacular debido a lo masivo de su tamaño y peso.

La respuesta llegó en la forma de un supercargador centrífugo que incrementó la potencia a 320bhp y su rendimiento a nivel de la liga de súper carros de sus días. Este modelo supercargado fue llamado el SJ, instantáneamente reconocible por los cabezales de sus escapes cromados que salían a los lados del motor.

Como el Duesenberg J, el SJ era vendido como un chasis sobre el cual los compradores agregaban una carrocería creada por alguna de las firmas especializadas. Los propios Duesenberg ofrecían carrocerías bajo el nombre de Le Grande pero generalmente estos trabajos se dejaban para otras firmas. Debido a esto, se ofrecían modelos SJ con distancia entre ejes corta o larga, cada uno con una variedad de estilos de carrocería.

Para muchos, los Duesenberg SJ más elegantes eran los de distancia entre ejes larga; sólo se fabricaron cerca de 36 Duesenberg SJ, de los cuales 18 eran de esta variedad. Más escasos aún son los modelos Phaeton Le Grande con distancia entre ejes larga, ya que sólo se fabricaron tres.

Cuando el primer Duesenberg SJ fue vendido en 1932 el puro chasis costaba US$ 8,000 y esto había subido a US$ 10,000 para 1935, cuando se construyó el último SJ. A esto hay que agregar el costo de la carrocería, lo que representaba una suma astronómica en aquellos días, quizá una de las razones por las que las marcas Cord, Auburn y Duesenberg se hayan derrumbado en 1937. Actualmente, el valor del Duesenberg SJ es nuevamente estratosférico, y un ejemplar alcanzó los US$ 1'688,500 en 2008.

País de origen:	Estados Unidos
Diseño de carrocería:	Gordon Buehrig
Fecha de fabricación:	1932-35
Potencia:	320bhp (239kw) @ 4200rpm
Torque máximo:	425 lb.ft (576Nm) @ 2400rpm
Velocidad máxima:	209km/h (130mph)
0-60mph (0-97km/h):	8.5 segs
Transmisión:	Manual 3 velocidades
Motor:	420 in. cu. (6,882cc) ocho cilindros en línea
Longitud:	5652mm (222.5 in.)
Ancho:	1828mm (72 in.)
Distancia entre ejes:	3619mm (142.5 in.)
Peso oficial:	2268kg (5000 lbs.)
Frenos:	Tambores
Suspensión:	Eje sólido con ballestas y amortiguadores (F); Eje diferencial con ballestas y amortiguadores (R)
Precio en subasta:	US$ 1'688,500 (2008 £1'097,525; €1'286,805)

1934 PACKARD 12 RUNABOUT LEBARON SPEEDSTER

Desde el momento en que se fabricó el primer Packard en 1899, su lema fue calidad. James Ward Packard de Warren Ohio no estaba contento con el auto que había comprado, así que con la ayuda de su hermano, decidió construir su propio auto.

Construyeron un carro fino, pero los Packards no duraron mucho tiempo en el mercado. Sin embargo su compañía sobrevivió como constructora de autos de lujo y fue Packard quien introdujo la primera producción mundial del motor de 12 cilindros en 1915. Un nuevo motor de ocho cilindros en línea superó al V12 en 1923 y por un tiempo la compañía se concentró en autos más pequeños – lo que la ayudó a sobrevivir a la Gran Depresión – pero para1932 se sentía que había llegado la hora de construir otro V12 de la mejor clase. El nuevo auto insignia fue llamado inicialmente "Twin Six" pero pronto se ganó un nuevo nombre – el Packard Twelve.

No era el auto más rápido en el mercado pero pronto se ganó una reputación de ser lo más silencioso y suave que el dinero podía comprar. También era uno de los más sencillos de conducir, ya que aunque otros fabricantes ofrecían sistemas de embrague y freno asistidos, sólo Packard también ofrecía un cambio de velocidades asistido.

El auto se ofrecía en dos longitudes de chasis, 3610mm (142 pulgadas) o 3730mm (147 pulgadas), sobre el que se podía acomodar una variedad de carrocerías. Algunos Packard Twelves fueron vendidos directamente de fábrica con carrocerías standard, pero muchos de los 5,700 ejemplares construidos entre 1932 y 1939 cuando los Twelve salieron finalmente de producción, fueron ordenados con carrocerías hechas por los más finos fabricantes de Estados Unidos como Dietrich y LeBaron.

Uno de esos Packard Twelves fue realmente especial – el Runabout Speedster con carrocería fabricada por LeBaron. Se destacó por sus elegantes defensas de pontón, su cofre alargado y su parte trasera, tipo bote, que se adelgazaba suavemente. Adicionalmente, se construyó en un chasis más corto (3429mm, 135 pulgadas), normalmente reservado para autos de 8 cilindros. El Runabout Speedster también usaba los ejes mucho más ligeros, ruedas, frenos y transmisión de los de 8 cilindros, lo que unido con V12, ofrecía la más alta relación de potencia a peso de cualquier carro Packard. También era extremadamente exclusivo – sólo se construyeron cuatro y cada uno es ligeramente diferente en sus detalles – y su precio de US$ 7,260 era casi lo que costaba entonces un yate de lujo.

Todos los autos Packard tienen una reputación de estar construidos a los niveles más altos posibles, pero el Runabout Speedster es diferente porque muchos observadores piensas que éste es el Packard más elegante jamás construido, y quizá el auto norteamericano más bello de todos los tiempos. No fue de extrañar cuando al ser ofrecido en subasta, uno de ellos alcanzó más de US$ 3'000,000 en 2006.

País de origen:	Estados Unidos
Diseño de carrocería:	Alex Tremulis
Fecha de fabricación:	1940-41
Potencia:	160bhp (119kw) @ 3200rpm
Torque máximo:	322 lb.ft (437Nm) @ 1400rpm
Velocidad máxima:	145km/h (90mph)
0-60mph (0-97km/h):	n.a.
Transmisión: sincronizadas	Manual 3 velocidades
Motor:	445 in. cu. (7,292cc) V12
Longitud:	n.a.
Ancho:	1346mm (53 in.)
Distancia entre ejes:	3429mm (135 in.)
Peso oficial:	2495kg (5500 lbs.)
Frenos:	Tambores
Suspensión:	Eje rígido, muelles semi elípticos (F); Eje diferencial (R)
Precio en subasta/ Venta privada:	2006 US$ 3'190,000 (£2'073,500; €2'431,099)

1935 DUESENBERG SJ SPEEDSTER MORMON METEOR

John Cobb en su Railton Special, Sir Malcolm Campbell en su Bluebird y el Capitán George Eyston en su Thunderbolt, todos ganaron fama como los primeros ostentadores ingleses del récord de velocidad en tierra. Y alguien a quien deben agradecer por sus éxitos es al hombre de negocios americano Ab Jenkins, quien fue uno de los primeros en reconocer el potencial de los Salares de Bonneville para realizar carreras de récords y que trabajó incansablemente para persuadir a los corredores británicos del LSR a cambiar su atención de Daytona Beach en Florida a Bonneville en Utah.

Ab Jenkins empezó a establecer récords en Bonneville en 1925 cuando retó al tren Union Pacific Railroad en una carrera a través de los salares de Wendover a Salt Lake City. Más tarde empezó a establecer récords de 24 horas, alcanzando un promedio de 127.229mph (204.755km/h) en 1934. No contento con ello, alcanzó las aterrorizadoras 68mph (109km/h) en un tractor de granja Allis-Chambers el siguiente año.

Lo del tractor fue una diversión porque el proyecto serio de Ab para 1935 implicaba un Duesenberg Special, esencialmente un standard de 142 pulgadas, el chasis y la distancia entre ejes del Duesenberg J con una carrocería aerodinámica especialmente diseñada por Herbert Newport.

Duesenberg proporcionó un par de motores modificados basados en la unidad SJ supercargada pero con árboles de levas más calientes, y dos masivos carburadores dúplex Bendix-Stromberg para incrementar la potencia a 400bhp. Pero aparte de esto, había muy poco que distinguiera al Duesenberg Special de cualquier auto Duesenberg.

Tras un par de sustos – se tuvieron que ajustar chumaceras especiales y en uno de los intentos el cárter su partió – Ab Jenkins y su Duesenberg Special lograron romper una gran cantidad de récords incluyendo alcanzar unas sorprendentes 3,253 millas en 24 horas a una velocidad promedio de 135.47mph (218km/h).

Pero todavía habría más. Para la temporada de récords de 1936 Jenkins equipó un enorme Curtiss Conquerer V12 de 1,750 pulgadas cúbicas en el chasis del Duesenberg y lo llamó Mormon Meteor.

Ese año los tres, Cobb, Eyston y Jenkins, estuvieron en Bonneville y el récord de 24 horas estuvo pasando entre ellos; pero al final, el Mormon Meteor fue el más rápido, elevando la marca a 153.823mph (247.554km/h).

Jenkins continuó estableciendo récords pero después volvió a acondicionar el motor del Duesenberg SJ a su chasis y usó el carro como publicidad móvil en su exitoso intento por ser electo alcalde de Salt Lake City.

Es un carro único, un genuino ostentador del récord de velocidad en tierra de 24 horas y sin duda el más rápido, más potente y más famoso de todos los Duesenberg SJ. Cuando salió a subasta en 2004 alcanzó los US$ 4'455,000, entonces el precio más alto pagado por un carro americano.

País de origen:	Estados Unidos
Diseño de carrocería:	Herbert Newport
Fecha de fabricación:	1935
Potencia:	400bhp (298kw) @ 5000rpm
Torque máximo:	n.a.
Velocidad máxima:	258km/h (160mph)
0-60mph (0-97km/h):	n.a.
Transmisión:	Manual 3 velocidades
Motor:	420 in. cu. (6,882cc) ocho cilindros en línea
Longitud:	5652mm (222.5 in.)
Ancho:	1828mm (72 in.)
Distancia entre ejes:	3619mm (142.5 in.)
Peso oficial:	2177kg (4800 lbs.)
Frenos:	Tambores
Suspensión:	Eje sólido con ballestas y amortiguadores (F); Eje diferencial con ballestas y amortiguadores (R)
Precio en subasta:	2004 US$ 4'455,000 (£2'895,750; €3'395,156)

1935 DUESENBERG SJN CONVERTIBLE COUPÉ

Frederick y August Duesenberg eran unos hermanos con un amor innato por la maestría al hacer las cosas de alta calidad y la buena ingeniería. No sólo produjeron algunos de los autos más caros del mundo, ya que el precio inevitablemente reflejaba los niveles de destreza que se empleaban en las obras de arte automotrices que llevaban el nombre Duesenberg, también produjeron algunos de los autos más rápidos del mundo. Después de todo fue un Duesenberg de 16 litros el que elevó el récord de velocidad en tierra a 159mph (254km/h) en Daytona Beach en 1919; y también fue un Duesenberg el único carro fabricado en Estados Unidos en ganar un Grand Prix cuando Jimmy Murphy ganó el GP de Francia en Le Mans en 1921. Al año siguiente, ocho de los diez finalistas en la Indianápolis 500 estaban impulsados por motores Duesenberg, incluyendo el del ganador, Jimmy Murphy nuevamente.

Si los hermanos hubieran invertido tanto tiempo y energía a sus asuntos comerciales, es posible que su compañía hubiera podido permanecer independiente, pero en 1926 se vieron obligados a venderle a E.L. Cord. La visión de Cord era que Duesenberg produjera el mejor auto del mundo, sobrepasando a los mismos Rolls-Royce, Bugatti y Cadillac.

Esa visión se hizo realidad con el Duesenberg SJ que creó una sensación cuando fue develado por primera vez en la Exposición de Autos de Nueva York 1928. Los autos para los clientes fueron entregados a partir de 1929 y la combinación del desempeño extraordinario de su motor de 6,882cc de ocho cilindros en línea junto con los interiores del más fino lujo hicieron de este el carro elegido por estrellas de Hollywood, magnates y jefes de estado.

Lejos de sentarse en sus laureles, Duesenberg elevó las marcas aun más en 1932 con el lanzamiento del modelo SJ. Agregando un supercargador incrementó la potencia a una impensable cifra de 320bhp, lo que era suficiente para permitir que un auto de 2 toneladas acelerara a 104mph (167km/h) en segunda velocidad, y de allí a una máxima velocidad de 140mph (225km/h).

Todos los Duesenbergs se vendían como un chasis al que los compradores agregaban una carrocería, con frecuencia con un costo extra considerable. Una de las opciones de carrocería más especiales fue diseñada por Herb Newport y construida por Rollston en Nueva York. Tenía una carrocería más amplia que lo normal que se extendía por debajo del marco del chasis para darle al auto un perfil más bajo. Salpicaderas frontales amplias, y una cubierta trasera extendida que ocultaba el tanque de gasolina completaban lo que era un diseño elegante y de aspecto potente.

Sólo se produjeron diez de estos llamados modelos 'JN', y sólo uno de ellos era supercargado. Esto hace al Duesenberg SJN literalmente único.

País de origen:	Estados Unidos
Diseño de carrocería:	Rollston
Fecha de fabricación:	1932-35
Potencia:	320bhp (239kW) @ 4200rpm
Torque máximo:	425 lb.ft (576Nm) @ 2400rpm
Velocidad máxima:	225km/h (140mph)
0-60mph (0-97km/h):	8.5 segs
Transmisión:	Manual 3 velocidades
Motor:	420 in. cu. (6,882cc) ocho cilindros en línea
Longitud:	5652mm (222.5 in.)
Ancho:	1828mm (72 in.)
Distancia entre ejes:	3619mm (142.5 in.)
Peso oficial:	2268kg (5000 lbs.)
Frenos:	Tambores
Suspensión:	Eje sólido con ballestas y amortiguadores (F); Eje diferencial con ballestas y amortiguadores (R)
Precio en subasta:	2004 US$ 10'435,000 (£6'768,141; €7'941,035)

1935 MERCEDES-BENZ 500K SPECIAL ROADSTER

El auto insignia de Mercedes-Benz, el 500K fue inicialmente introducido en 1934, un auto diseñado desde el principio para ser uno de los absolutamente más finos del mundo. Estaba impulsado por un motor de 5 litros con ocho cilindros en línea que producían 100bhp en manejo normal y llegaba a las 160bhp cuando su supercargador tipo Rootes operaba con su característico rugido. Fue también ese supercargador lo que le dio su nombre al auto porque 'K' significa 'Kompressor'.

Debido al puro peso de este masivo carro, su desempeño era en verdad, promedio, pero esto fue algo de lo que después se encargaron con la introducción del modelo 540K de 5.4 litros y 180bhp. Todavía después, los ingenieros de Mercedes-Benz prepararon un modelo 580K, en el que el motor llegaba a los 5.8 litros para producir 130bhp en uso normal y a unos fuertes 200bhp cuando el conductor operaba el supercargador.

Pero este modelo nunca vio la luz del día debido al inicio de la guerra en 1939.

Aunque nunca se supuso que el mero desempeño fuera lo que elevara al 500K sobre sus competidores. Eran el confort, la facilidad en el manejo, el puro estilo y la elegancia lo que verdaderamente lo colocaban aparte. El 500K tenía una suspensión totalmente independiente, inicialmente introducida por Mercedes-Benz en el modelo 380 en 1933, pero seguía siendo algo insólito en esos días. La caja de velocidades era sincronizada en todas menos la primera velocidad en las opciones standard de cuatro velocidades y en la más deseable transmisión de cinco velocidades. E incluso si la aceleración era pausada, el 500K aun era bueno a una velocidad máxima de unas 100mph (161km/h), a pesar de que el consumo de combustible a esas velocidades era de unas 10mpg.

El bien adinerado cliente del 500K podía elegir entre un número de variantes incluyendo tres diferentes chasis y varios estilos de carrocería cerrada y abierta. Pero quizá el más deseable de todos era el estricto biplaza Special Roadster, diseñado dentro de la empresa por Hermann Ahrens en los talleres Sindelfingen.

Como sólo se construyeron 29 Special Roadsters, son extremadamente escasos. En 1989 un ejemplar no restaurado llegó al £1'000,000, luego en 2001 un Special Roadster ganador de un concurso, se vendió por US$ 2'970,000 y un poco más recientemente, la subasta de otro alcanzó los US$ 2'275,000 aunque no fue vendido. Es un carro que en la época en que se vendía costaba casi la misma cantidad que una casa. Durante la Segunda Guerra Mundial muchos fueron escondidos, como otros objetos de valor, para protegerlos contra daño y robo, y desde entonces, su valor ha continuado apreciándose porque muy pocos otros autos comparten las cualidades esenciales del 500K Special Roadster de lujo, excelencia tecnológica, estilo y exclusiva belleza.

País de origen:	Alemania
Diseño de carrocería:	Hermann Ahrens
Fecha de fabricación:	1934-39
Potencia:	160bhp (119kw) @ 3400rpm
Torque máximo:	n.a.
Velocidad máxima:	161km/h (100mph)
0-60mph (0-97km/h):	19.0 segs
Transmisión:	Manual 4 velocidades
Motor: en línea	5,019cc ocho cilindros
Longitud:	5100mm (200.8 in.)
Ancho:	1880mm (74.6 in.)
Distancia entre ejes:	3290mm (129.5 in.)
Peso oficial:	2500kg (5512 lbs.)
Frenos:	Tambores
Suspensión:	Doble horquilla con muelles helicoidales y amortiguadores hidráulicos (F); Ejes swing con brazos oscilantes, muelles helicoidales y amortiguadores hidráulicos (R).
Precio en subasta:	2001 US$ 2'970,000 (£1'926,342; €2'260,170)

1936 MERCEDES-BENZ 540K CABRIOLET A

Tras el éxito de la serie de autos supercargados Mercedes-Benz S, SS, SSK y SSKL, ¿qué podía hacer la empresa de Stuttgart para encontrar un remplazo adecuado? La respuesta llegó en la forma del 500K que fue inicialmente develado en la Exposición de Autos de Berlín de 1934, y del 540K que fue revelado en la Exposición de Autos de París de 1936.

Se ofrecían en una variedad de carrocerías diferentes, y cada una se distinguía no solo por el nivel totalmente nuevo de belleza y elegancia, sino también por sus enormes costos. En una época en que un Mercedes 230 de 4 puertas costaba unos 6,000 Reichmarks, la mayoría de las variantes del 500K costaban entre 22,000 y 24,000 Reichmarks y el auto insignia, el Special Roadster, costaba cerca de 30,000 Reichmarks.

Estos autos eran para los clientes realmente más ricos, y a pesar de que las nubes de guerra se estaban formando, parece que había muchos de ellos: se vendieron 342 ejemplares del 500K y luego 319 del 540K, incluyendo un lote de 20 unidades blindadas para uso del alto mando Nazi.

De todas las variantes, una de las más finas era el 540K Cabriolet A (se ofrecían cuatro diferentes estilos de carrocería cabriolet, designados A a D). El alargado biplaza tenía una carrocería 500K pero con el motor sustancialmente más potente del 540K.

El motor era una leyenda en sus días, un ocho cilindros en línea de 5,401cc con válvulas lateralmente operadas y un supercargador tipo Rootes montado horizontalmente y guiado por velocidades. Este no operaba todo el tiempo, pero cuando el pedal del acelerador se pisaba hasta el fondo, proporcionaba un robusto incremento de potencia extra, de los 115bhp naturalmente aspirados a un total de 180bhp.

Para asegurar que la potencia fuera adecuadamente controlada, la suspensión del 540K también fue mejorada. Inusual para ese tiempo, era totalmente independiente, con muelles helicoidales de doble horquilla al frente y brazos oscilantes con muelles helicoidales atrás.

La carrocería era larga, baja y seductoramente hermosa, con dos faros delanteros y una distintiva luz frontal contra niebla, parabrisas bajo, aletas y detalles escrupulosos como un limpiador de lodo colocado en el estribo. La llanta de refacción podía ir montada sobre la tapa de la cajuela (de donde se podía quitar sin herramientas), o en la aleta, (en cuyo caso el espejo retrovisor se montaba encima).

El 540K Cabriolet A es uno de los autos clásicos alemanes de la pre-guerra, de los que se cree que sólo quedan 12 ejemplares en existencia, así que no fue una sorpresa cuando en una subasta alcanzó los €1'220,000 en 2007.

MERCEDES
BENZ

País de origen:	Alemania
Diseño de carrocería:	Mercedes-Benz
Fecha de fabricación:	1936-39
Potencia:	180bhp (183kw) @ 3400rpm
Torque máximo:	n.a.
Velocidad máxima:	170km/h (106mph)
0-60mph (0-97km/h):	17.0 segs
Transmisión:	Manual 4 velocidades
Motor:	5,401cc ocho cilindros en línea
Longitud:	5100mm (200.8 in.)
Ancho:	1880mm (74.6 in.)
Distancia entre ejes:	3290mm (129.5 in.)
Peso oficial:	2240kg (4938 lbs.)
Frenos:	Tambores
Suspensión:	Doble horquilla con muelles helicoidales y amortiguadores hidráulicos (F); Ejes swing con brazos oscilantes, muelles helicoidales y amortiguadores hidráulicos (R).
Precio en subasta:	2007 US$ 1'603,153 (£1'039,805; €1'220,000)

1937 ALFA ROMEO 8C 2900 B CABRIOLET

La compañía Alfa Romeo había disfrutado una brillante carrera en un inicio, pero tuvo que ser rescatada de la bancarrota en 1932 por el gobierno de Italia. En términos de recuperación, el presidente Mussolini dejó claro que la obligación de Alfa en adelante sería construir motores aéreos de alta calidad, para ganar prestigio para el país, ganando en las carreras deportivas de máximo nivel, y usar cualquier mínima capacidad de producción sobrante que pudiera haber para construir autos impresionantes y exóticos.

Naturalmente, esos autos de la pre-guerra vieron el desarrollo de los autos Alfa Romeo más poderosos, elegantes y seductores jamás construidos. En ese entonces el desarrollo de Alfa estuvo bajo el control de Vittorio Jano, un brillante ingeniero de motores y chasis que también tenía una clara visión de la construcción de la carrocería y el aspecto del auto.

El desarrollo del 8C 2300 había iniciado en 1930 y el primer ejemplar de este clásico auto de carreras fue colocado en la carrera Mille Miglia de 1931. Para 1934, unos 207 ejemplares se habían vendido con varias carrocerías diseñadas ya fuera para carreras o no, y no cabe duda de que este modelo fue el que verdaderamente mejoró la reputación de la marca Alfa Romeo.

A pesar de esto, para Jano el 8C 2300 era demasiado pesado para ser considerado su mejor trabajo. Pero lo que siguió, bajo todas las medidas, fue una verdadera obra de arte. En 1936 el 8C 2900 A fue presentado como una versión biplaza ligeramente desafinada del auto P3 Grand Prix. Sin embargo, ya producía los 220bhp, y con el peso del auto mantenido a solo 850kg, tenía un desempeño extraordinario: más que suficiente para llevarse los tres primeros lugares en la Mille Miglia de 1936.

os autos Mille Miglia eran básicamente corredores de ruedas al descubierto con salpicaderas y luces agregadas pero el mismo chasis básico fue usado para los genuinos autos de turismo de 1937. Para 1939 se lanzó el 8C 2900 B, con el motor nuevamente desafinado a 180bhp pero ahora con carrocerías fabulosamente elegantes y lujosas hechas por Pininfarina y Touring.

Costaban una pequeña fortuna en su momento, 7,500 liras o el equivalente de US$ 3,945, pero éstos eran los máximos Alfas y ellos han más que retenido su valor a la fecha. No es de extrañar que un 8C 2900 B haya atraído el precio más alto jamás pagado por un Alfa Romeo de US$ 4'072,500 en la subasta de Christie's de 1999 en Pebble Beach.

Uno de los únicos 44 carros construidos con el chasis P3 GP (y uno de los únicos 20 8C 2900 Bs), este exclusivo ejemplar empezó como un auto de carreras propiedad del corredor Piero Dusio, quien más tarde fundó Cisitalia, pero fue luego equipado con la carrocería Pininfarina Cabriolet que aun luce actualmente.

País de origen:	Italia
Diseño de carrocería:	Pininfarina
Fecha de fabricación:	1937-39
Potencia:	180bhp (134.2kw) @ 5200rpm
Torque máximo:	n.a.
Velocidad máxima:	175km/h (109mph)
0-60mph (0-97km/h):	11.0 segs
Transmisión:	Manual 4 velocidades
Motor:	2,905cc ocho cilindros en línea
Longitud:	4600mm (181.1 in.)
Ancho:	1668mm (65.7 in.)
Distancia entre ejes:	3000mm (118.1 in.)
Peso oficial:	1250kg (2750 lbs.)
Frenos:	Tambores
Suspensión:	Doble horquilla con muelles helicoidales y amortiguadores hidráulicos (F); Eje swing con brazos radiales, ballestas transversales y amortiguadores de fricción (R).
Valor en subasta:	US$ 4'072,500 (£2'641,423; €3'099,172)

BUGATTI
EWS 73

1937 BUGATTI TIPO 57S

Quizás el más celebrado Bugatti de turismo jamás producido fue el Tipo 57, inicialmente presentado en 1934, y que para Bugatti fue un modelo de volumen relativamente alto con cerca de 710 autos construidos antes de que la producción cesara en 1938.

El Tipo 57 fue diseñado desde el principio para competir con lo mejor que Europa pudiera ofrecer en esos días, de fabricantes como Bentley, Delahaye y Delage. Era impulsado por un motor Bugatti de 3.3 litros de ocho cilindros en línea con doble árbol de levas que producía 140bhp a 4,800rpm. La caja manual de cuatro velocidades era parte integral del cárter y tenía un embrague de una sola placa. Se propuso un sistema de suspensión frontal independiente pero el fundador de la compañía, Ettore Bugatti, vetó un diseño tan radical.

De hecho la potencia del motor standard proporcionaba un desempeño más bien modesto bajo las medidas de Bugatti, una velocidad máxima de apenas 90mph (145km/h), así que en 1935 se presentó un modelo más potente, el 57S, con un chasis más corto para reducir peso y un motor afinado con un cárter y una relación de compresión más alta que incrementó la potencia máxima a 185bhp. Interesantemente, el chasis del 57C no sólo era más corto sino que era también más bajo, lo que significaba que el eje trasero en realidad corría a través del mismo.

Más tarde, en 1937, Bugatti introduciría un derivado aún más potente, el supercargado Tipo 57SC en el que la potencia fue nuevamente elevada a 220bhp. De hecho, muchos autos standard 57S fueron posteriormente convertidos a la especificación supercargada.

Lo que realmente destacó al Tipo 57 fue la obra de Jean Bugatti – hijo de Ettore Bugatti – quien fue responsable de la carrocería. Para el Tipo 57, Bugatti ofrecía varias opciones diferentes de carrocería incluyendo la Galibier de cuatro puertas, y los Ventoux, Atalanté, Stelvio y Atlantic de dos puertas (este último el famoso modelo que usaba juntas ribeteadas tipo avión).

Sólo se construyeron 17 autos Tipo 57S Atalanté. Un 57S en particular fue comprado en 1937 por Lord Howe. Él lo condujo durante ocho años y luego fue vendido sucesivamente hasta que Harold Carr lo compró en 1955 por £895. Años más tarde lo guardó en su cochera donde permaneció intacto hasta su muerte en 2007 cuando su sobrino lo descubrió siendo el "hallazgo del granero del siglo".

El Earl Howe Bugatti Tipo 57S fue subastado por Bonhams en la exposición Retromobile de 2009 con una reserva de £3 millones, y fue vendido en €3'417,500.

País de origen:	Francia
Diseño de carrocería:	Jean Bugatti
Fecha de fabricación:	1934-38
Potencia:	175bhp (130kw) @ 5500rpm
Torque máximo:	n.a.
Velocidad máxima:	209km/h (130mph)
0-60mph (0-97km/h):	10.0 segs
Transmisión:	Manual 4 velocidades
Motor:	3,257cc ocho cilindros en línea
Longitud:	4600mm (181 in.)
Ancho:	1760mm (69.3 in.)
Distancia entre ejes:	2980mm (117.3 in.)
Peso oficial:	1550kg (3417 lbs.)
Frenos:	Tambores hidráulicos
Suspensión:	Eje sólido, ballestas semi elípticas y amortiguadores de Ram (F); Eje diferencial con ballestas semi elípticas invertidas y amortiguadores de Ram (R)
Precio en subasta:	2009 US$ 4'490,802 (£2'912,734; €3'417,500)

1937 MERCEDES-BENZ 540K SPECIAL ROADSTER

Mercedes-Benz había creado una tradición de magníficos autos supercargados con los modelos S, SSK y SSKL construidos entre 1927 y 1934. Estos autos eran conducidos por políticos, estrellas de cine y magnates de todo el mundo, por lo que desarrollar un remplazo adecuado no era una tarea fácil.

Sin embargo Mercedes logró no sólo crear un remplazo eminentemente adecuado, sino uno que sobrepasó todo lo que había existido antes. En la Exposición de Autos de Berlín de 1934 la compañía develó su modelo 500K, con 100bhp de forma standard y 160bhp en supercargado. Dos años más tarde, en el Paris Show el 540K fue lanzado con un motor más grande que producía 115bhp o 180bhp en supercargado. El 540K también tenía una distancia entre ejes más larga que mejoraba el manejo.

Se ofrecieron diferentes carrocerías, incluyendo berlinas, descapotables, coupés y cabriolets, y una vez más, los ricos y famosos del mundo hicieron de éste el vehículo de su elección, incluyendo a un Maharajá de la India, que usaba el suyo para cazar tigres.

Pero quizá la más deseable de todas las variantes del 540K fue el Special Roadster que costaba 6,000 Reichmarks más que los 22,000 Reichmarks que costaban la mayoría de los otros modelos de la época. Para poner esto en perspectiva, un importador de los Estados Unidos cobró US$ 14,000 por un Special Roadster cuando el Cadillac V16 más caro se vendía por cerca de US$ 8,500.

A pesar de su enorme tamaño y longitud, el 540K Special Roadster era estrictamente un biplaza, diseñado y construido no tanto como un auto con un rotundo desempeño deportivo sino más bien para proporcionar un paseo relajado a alta velocidad para largas distancias, en lo máximo del lujo y el confort. Si se requería un extra impulso de velocidad, el conductor podía operar el supercargador para incrementar el poder del motor en 60% por periodos cortos.

El 540K también contaba con suspensión independiente, caja de velocidades sincronizada, frenos asistidos por vacío, y componentes eléctricos de 12 volts, todo lo cual era la vanguardia en ingeniería a mediados de los 1930s. Sin embargo, muy pocos modelos compartían una de las características más distintivas del 540K: los dos enormes escapes que eran enviados del motor hacia el lado derecho del cofre antes de desaparecer en la aleta. En tamaño, aspecto y desempeño, el 540K era realmente un ejemplar impresionante.

Debido a su costo y exclusividad, el 540K era inevitablemente construido en cantidades modestas; sólo 319 se fabricaron antes de que terminara la producción cuando inició la guerra en 1939. Entre ellos, el Special Tourer es realmente una rareza ya que sólo se fabricaron 26 de estos autos excepcionales. El más reciente ejemplar subastado alcanzó la impresionante cifra de £3'905,000.

País de origen:	Alemania
Diseño de carrocería:	Mercedes-Benz
Fecha de fabricación:	1936-39
Potencia:	180bhp (183kw) @ 3400rpm
Torque máximo:	n.a.
Velocidad máxima:	170km/h (106mph)
0-60mph (0-97km/h):	17.0 segs
Transmisión:	Manual 4 velocidades
Motor:	5,401cc ocho cilindros en línea
Longitud:	5100mm (200.8 in.)
Ancho:	1880mm (74.6 in.)
Distancia entre ejes:	3290mm (129.5 in.)
Peso oficial:	2500kg (5512 lbs.)
Frenos:	Tambores
Suspensión:	Doble horquilla con muelles helicoidales y amortiguadores hidráulicos (F); Ejes swing con brazos oscilantes, muelles helicoidales y amortiguadores hidráulicos (R).
Precio en subasta:	2007 US$ 6'020,660 (£3'905,000; €4'581,722)

1938 ALFA ROMEO 8C TIPO 2900 B

El Alfa Romeo 8C 2900 B, presentado en 1937, fue el súper carro de su época. Desarrollado a partir del 8C 2900 A que había mostrado su clase logrando los tres primeros lugares en la Mille Miglia de 1936, el 2900 B era más grande y pesado pero combinaba la potencia que le daba un motor de carreras con supercargadores dobles y un sofisticado chasis con suspensión totalmente independiente arropado en lo que eran unas de las carrocerías más bellas y elegantes jamás producidas.

El carro fue producido en cantidades muy pequeñas, con distancia entre ejes larga (Lungo) o corta (Corto), y con una variedad de carrocerías, cerradas y abiertas, algunas por Alfa Romeo pero la mayoría por Touring de Milán o Pininfarina.

En el corazón del 8C 2900 B había un magnífico motor de aleación de ocho cilindros en línea con cámaras de combustión hemisféricas y un cárter. Fue desarrollado a partir del modelo de 2.3 litros, de ocho cilindros en línea del diseñador principal de Alfa Romeo, Vittorio Jano, de principios de los 1930s y era, en efecto, un motor de auto de competencias desafinado para hacerlo un poco más tratable en el camino. Para mejorar la distribución del peso, Jano posicionó la transmisión de cuatro velocidades atrás, con el diferencial. No fue la única innovación del auto, pues fue uno de los pocos autos del momento en ofrecer una suspensión independiente. Actualmente, la configuración del eje swing resulta más bien burda, pero entonces proporcionaba un agarre al camino extraordinario.

La producción del 8C 2900 B terminó prematuramente con el inicio de la guerra en 1939 y para entonces solo se habían construido 10 autos con distancia entre ejes larga y 20 con la corta.

De estos, quizá los más deseables eran los que contaban con las carrocerías 'Superleggera" o súper ligeras de Touring. Touring creó el marco usando una tecnología desarrollada por Zagato, que empleaba tuberías de metal delgado que era a la vez ligero y fuerte. Sobre esto se colocaba una carrocería esbelta y supremamente elegante que ha sido descrita como una de las más bellas del mundo. Para su tiempo también era impresionantemente aerodinámico.

Este chasis número 412019 destaca por ser el último de los autos de distancia entre ejes corta en ser equipado con una carrocería Spider de Touring. Originalmente vendido al Maharajá de Indore, fue luego vendido a un australiano y permaneció en Australia hasta 1969. Llegó a los Estados Unidos donde pasó por varias manos antes de quedar totalmente restaurado. Finalmente llegó a la colección del diseñador de modas Ralph Lauren. Luego fue vendido a un coleccionista privado por una cantidad reportada de US$ 10'000,000 en 2004.

Alfa Romeo

ALFA·ROMEO

País de origen:	Italia
Diseño de carrocería:	Touring
Fecha de fabricación:	1937-39
Potencia:	180bhp (134.2kw) @ 5200rpm
Torque máximo:	n.a.
Velocidad máxima:	185km/h (115mph)
0-60 mph (0-97 km/h):	9.6 segs
Transmisión:	Manual 4 velocidades
Motor:	2,905cc ocho cilindros en línea
Longitud:	4185mm (174.4 in.)
Ancho:	1668mm (65.7 in.)
Distancia entre ejes:	2800mm (110.2 in.)
Peso oficial:	1150kg (2530 lbs.)
Frenos:	Tambor
Suspensión:	Doble horquilla con muelles helicoidales y amortiguadores hidráulicos (F); Eje swing con brazos radiales, ballestas transversales y amortiguadores de fricción
Precio en venta privada:	2004 US$ 10'000,000 (£6'287,000; €7'522,000)

9803 BF 59

1938 DELAHAYE 135 MS COMPETITION CABRIOLET

Delahaye empezó en 1845 como proveedor de maquinaria para fabricación de cerámica en Francia, pero más tarde empezó a hacer motores estáticos y luego automóviles. La creación más fina de la compañía generalmente se considera que fue el modelo 135, inicialmente lanzado en la Exposición de Autos de París de 1935 y que inmediatamente mostró su potencial de desempeño. Como resultado, la compañía rápidamente introdujo un modelo deportivo 135 con aun más potencia y desempeño.

Se ofrecían dos versiones diferentes de estos autos deportivos pero elegantes: el Delahaye 135 M que contaba con un solo carburador Solex, y el más potente 135 MS (iniciales de Modifiée Spéciale), cuyos carburadores triples y válvulas más grandes incrementaban la potencia hasta a 160bhp y la velocidad máxima a 110mph (177km/h). También tenía un chasis avanzado con suspensión frontal independiente y un bajo centro de gravedad que aseguraba un buen manejo y agarre al camino.

Los compradores podían elegir entre una transmisión manual de cuatro velocidades o una semiautomática Cotal de cuatro velocidades. La mayoría de las carrocerías de estos autos eran hechas por Figoni et Falaschi aunque los Dalahaye 135s también usaban a otros fabricantes como Saoutchik y Letourneur et Marchand.

Este auto era a la vez supremamente elegante y uno de los vehículos más rápidos disponibles en el momento. Como resultado el Delahaye ganó numerosas competencias, dominando las carreras deportivas en Francia en los 1930s, saliendo muy bien parado en Le Mans y probando ser el carro más rápido en Inglaterra en 1938 en una competencia realizada en Brooklands.

El precio del 135 MS era inevitablemente alto, el equivalente de más de US$ 5,000 en esos días de pre-guerra, pero el Delahaye 135 era un éxito comercial considerable, con unos 1155 ejemplares vendidos entre 1935 y 1952, cuando fue eventualmente remplazado por el Delahaye modelo 235.

El Delahaye 135 es ahora un auto muy buscado por los coleccionistas, y los ejemplares más finos alcanzan entre $1.5 y $2 millones de dólares. Un ejemplar particularmente fino llegó a los €1'790,000 en una reciente subasta de RM en Mónaco, un Cabriolet 135 MS con carrocería de Figoni et Falaschi que fue ordenado en 1938 con un interior personalizado por la famosa firma francesa de talabartería Hermès. Cuando el carro fue sujeto de una restauración total, Hermès proporcionó nueva piel para el interior y le hizo un nuevo conjunto de equipaje.

País de origen:	Francia
Diseño de carrocería:	Figoni et Falaschi
Fecha de fabricación:	1935-52
Potencia:	160bhp (119kw) @ 4000rpm
Torque máximo:	n.a.
Velocidad máxima:	177km/h (110mph)
0-60mph (0-97km/h):	14.0 segs
Transmisión:	4 velocidades semi automático
Motor:	3,557cc seis cilindros en línea
Longitud:	n.a.
Ancho:	n.a.
Distancia entre ejes:	2700mm (106 in.)
Peso oficial:	1398kg (3,080 lbs.)
Frenos:	Tambores
Suspensión:	Independiente con muelles semi elípticos y amortiguadores de fricción (F); Eje diferencial con ballestas y amortiguadores de fricción (R)
Precio en subasta:	2010 US$ 2'352,168 (£1'525,616; €1'790,000)

9803 BF 59

1938 TALBOT LAGO T23 TEARDROP COUPÉ

El grupo Sunbeam-Talbot-Darracq se hizo parte del grupo inglés Rootes en los 1920s, pero una pequeña parte del antiguo imperio automotriz francés permaneció independiente: la fábrica Talbot de Suresnes en París fue vendida al empresario de origen italiano, Tony Lago.

Él luego designó a su ingeniero en jefe, Walter Becchia, a trabajar en la creación de un nuevo auto de 4 litros, basado en el anterior Talbot T120, para que entrara en eventos de carreras deportivas. Este Grand Sport Talbot- Lago Special fue terminado a tiempo para el Grand Prix de autos deportivos de Francia de 1936 en Montlhéry y aunque el piloto René Dreyfus logró dar la vuelta más rápida, terminó muy atrás.

Ese mismo año, 1936, una versión turismo, el T150 Lago Special, fue lanzado en la Exposición de Autos de París, con una carrocería de dos puertas. El motor de seis cilindros contaba con carburadores triples y cámaras de combustión hemisférica y conducción transmitida a las llantas traseras vía una caja Wilson de cuatro velocidades con pre-selector (ya que Lago tenía los derechos extranjeros a esta transmisión inglesa).

El siguiente año, el Talbot-Lago Special ganó el primer, segundo y tercer lugar en el Grand Prix de Francia y primero y segundo en el Tourist Trophy de Donington.

Quizá a forma de celebración, Lago invitó a los mejores fabricantes de carrocerías de París - Pourtout, Saoutchik y Figoni & Falaschi – a crear nuevas carrocerías para el chasis del turismo T150. El posterior diseño del coupé no tenía una sola línea recta y fue rápidamente llamado Goutte d'Eau, Gota de Agua, y en inglés "Teardrop". A la mayoría de los ojos, era un diseño sorprendentemente bello aunque se dice que el fundador de Jaguar, Sir William Lyons, lo describió como "positivamente indecente".

Indecente o no, era ciertamente muy efectivo desde el punto de vista aerodinámico; y el Teardrop Talbot- Lago quedó muy bien parado, llegando en tercer lugar en Le Mans en 1938 gracias en parte a las altas velocidades alcanzadas en la larga recta Mulsanne.

Se ofrecieron dos diseños ligeramente diferentes del Teardrop, el primero llamado "Jeancourt" por el apellido del primer comprador; y el segundo "New York" ya que fue inicialmente mostrado en los Estados Unidos en 1937. Se construyeron once autos "New York" en el chasis T150 y cinco "Jeancourt", pero curiosamente, solo uno de ellos sobre el chasis T23, más corto.

Ese auto es único. No solo demuestra toda el arte y estilo de los fabricantes de carrocerías franceses de la pre-guerra, también es el único ejemplar construido sobre el chasis de carreras del T23. Cuando salió a subasta en octubre de 2010 se estimaba que alcanzaría entre £1'100,000 y £1'400,000. En el evento el martillo cayó a las impresionantes £1'792,000.

País de origen:	Francia
Diseño de carrocería:	Figoni et Falaschi
Fecha de fabricación:	1937-39
Potencia:	115bhp (85.7kw) @ 4100rpm
Torque máximo:	n.a.
Velocidad máxima:	185km/h (115mph)
0-60mph (0-97km/h):	11.5 segs
Transmisión:	Wilson 4 velocidades con pre selector
Motor:	3,996cc seis cilindros en línea
Longitud:	4526mm (178 in.)
Ancho:	1790mm (70.5 in.)
Distancia entre ejes:	2641mm (104 in.)
Peso oficial:	1504kg (3,316 lbs.)
Frenos:	Tambores
Suspensión:	Independiente con ballestas transversales y amortiguadores de fricción (F); Eje diferencial trasero con ballestas semi elípticas y amortiguadores de fricción (R)
Precio en subasta:	2010 US$ 2,762,874 (£1,792,000; €2,102,547)

AUTOMOBILES

Umdrehungen
in der Minute
1 x 100.
0
10
20
30
40
50
60
70
80
90
1:2
100
110
120
80
60
40
MERCEDES

1939 MERCEDES-BENZ W154

En 1934 se introdujo una nueva fórmula para las carreras Grand Prix con un peso máximo de 750kg, por lo que Mercedes-Benz y otros competidores se vieron obligados a crear un auto de carreras totalmente nuevo, y en el caso de la firma de Stuttgart, este fue el W25.

De un asombroso y distintivo plateado – según la leyenda, el administrador de la carrera, Alfred Neubauer, hizo que le quitaran toda la pintura para ahorrar peso justo antes de la primera carrera en Nürburgring en junio de 1934 – el elegante W25 conducido por Manfred von Brauchitsch ganó el primer tiempo de salida y también estableció un nuevo récord de pista de 76mph (122.5km/h) en el proceso.

Esta resultó ser la primera de muchas victorias famosas de los Silver Arrows que continuaron con el W125 que fue presentado en 1937. Luego, para la nueva fórmula de 1938, Mercedes desarrolló otro auto revolucionario, el V12 de 3 litros W154. El nuevo V12 estaba equipado con sofisticadas cabezas de cilindro con cuatro válvulas por cilindro y un par de supercargadores tipo Rootes al frente. Mercedes había jugado con la idea de introducir la inyección de combustible en este modelo pero al final se decidió por la más confiable tecnología de carburador. De forma inusual, el motor estaba canteado de un lado para permitir que el eje de la hélice se colocara al lado del piloto.

Las disposiciones de ese año permitían ya fuera un motor naturalmente aspirado de 4.5 litros, o una unidad supercargada de 3.0 litros, y los ingenieros de Mercedes determinaron que el supercargado resultaría en un paquete más competitivo.

Probaron tener razón, porque el W154, que fue aun más exitoso que sus predecesores, logró una serie de victorias en las pistas de carreras del mundo y también, cuando se le colocó una carrocería especial aerodinámica, registró las velocidades más altas jamás vista en el camino abierto: 268.75mph (432.7km/h) para la carrera *flying kilometre*, y 268.57mph (432.4km/h) para la *flying miles* en la carretera Frankfurt – Darmstadt.

El W154 dominó absolutamente la temporada 1938-39, ganando 11 de las 16 carreras que se realizaron antes de que estallara la Segunda Guerra Mundial en septiembre. En total, se construyeron 15 autos W154; muchos fueron destruidos durante la guerra y de los que quedan, la gran mayoría son propiedad de Mercedes-Benz o ya están en museos.

Un carro que aún permanecía en manos privadas, se quedó varado en Yugoslavia tras de que von Brauchitsch ganara segundo lugar en el Grand Prix de Belgrado justo antes de que se declarara la guerra. El auto terminó en Rumanía donde fue redescubierto a fines de los 1980s y posteriormente restaurado.

El valor de uno de los autos Grand Prix más importantes del mundo se estima hasta en £8'000,000.

País de origen:	Alemania
Diseño de carrocería:	Mercedes-Benz
Fecha de fabricación:	1938-39
Potencia:	476bhp (355kw) @ 7800rpm
Torque máximo:	n.a.
Velocidad máxima:	309km/h (192mph)
0-60mph (0-97km/h):	n.a.
Transmisión:	Manual 5 velocidades
Motor:	2,961cc V12
Longitud:	4600mm (181 in.)
Ancho:	1850mm (72.8 in.)
Distancia entre ejes:	2545mm (100.2 in.)
Peso oficial:	980kg (2160 lbs.)
Frenos:	Tambores hidráulicos
Suspensión:	Independiente, con dobles horquillas, muelles helicoidales y amortiguadores hidráulicos (F); Eje De Dion con barras de torsión longitudinal y amortiguadores hidráulicos (R)
Valor estimado:	US$ 12,334,258 (£8,000,000; €9,386,371)

Thunderbolt

1941 CHRYSLER THUNDERBOLT

Los autos concepto son una parte tan integral de la moderna industria automotriz que es difícil imaginar una época en la que no existían. Pero esa era la situación en los 1930s hasta que el visionario jefe de GM, Harley Earl, produjo el revolucionario Buick Y-Job, un modelo que nunca fue específicamente diseñado para producción pero que ofrecía una mirada tentadora a lo que el futuro podía deparar.

Muy pronto otros fabricantes comprendieron el potencial publicitario del carro conceptual, y el Chrysler Thunderbolt fue uno de los primeros ejemplos. Develado en el New York Auto Show de 1940 junto con el radical pero menos futurista Chrysler Newport, el Thunderbolt fue diseñado por Alex Tremulis con una sola superficie fluida que encerraba un chasis standard C-26, los embragues de carreras del Chrysler New Yorker y el motor de ocho cilindros del C-27 Crown Imperial.

Esta carrocería fue construida casi enteramente de aluminio – solo el cofre y la tapa de la cajuela eran de acero – y en la búsqueda por la perfección aerodinámica, las ruedas fueron encerradas, los faros eran retráctiles y aparentemente no tenía parrilla de radiador. De hecho, las entradas de aire estaban escondidas debajo de la defensa delantera.

Algo también único fue el primer techo duro retráctil del mundo, que se operaba eléctricamente con tocar un botón, deslizándose al espacio detrás del asiento delantero para tres pasajeros. El acceso al espacio del equipaje era mediante un mecanismo que deslizaba la tapa. Igualmente innovador era el sistema para liberar las puertas mediante un botón, y los elevadores de las ventanas operados hidráulicamente.

Naturalmente, el lanzamiento del Thunderbolt en 1940 creó un gran revuelo por todo el país ya que en las distribuidoras Chrysler se exhibían ejemplares en cinco colores como parte de una vertiginosa gira promocional de lo que fue llamado "El carro del futuro".

El Thunderbolt tomó su nombre del carro de George Eyston que rompió el récord de velocidad en tierra cronometrado en los Salares de Bonneville a 357.53mph (575.39 km/h) en 1938. El Thunderbolt de Eyston era impulsado por un par de aeromotores Rolls-Royce de 12 cilindros, aunque el de Chrysler era un poco más lento: tenía un motor "Spitfire" de 323.5 pulgadas cúbicas de ocho cilindros en línea, que producía 143 caballos de fuerza y guiaba las ruedas traseras mediante un transmisión Chrysler Fluid Drive. Se reportó que era capaz de alcanzar más de 100mph (160km/h).

Inusual para carros conceptuales, después de la gira nacional, los Chrysler Thunderbolts fueron vendidos a compradores privados por cerca de US$ 6000 cada uno. El último fue ofrecido en venta en 2009 entre US$ 1'500,000 y US$ 2'000,000.

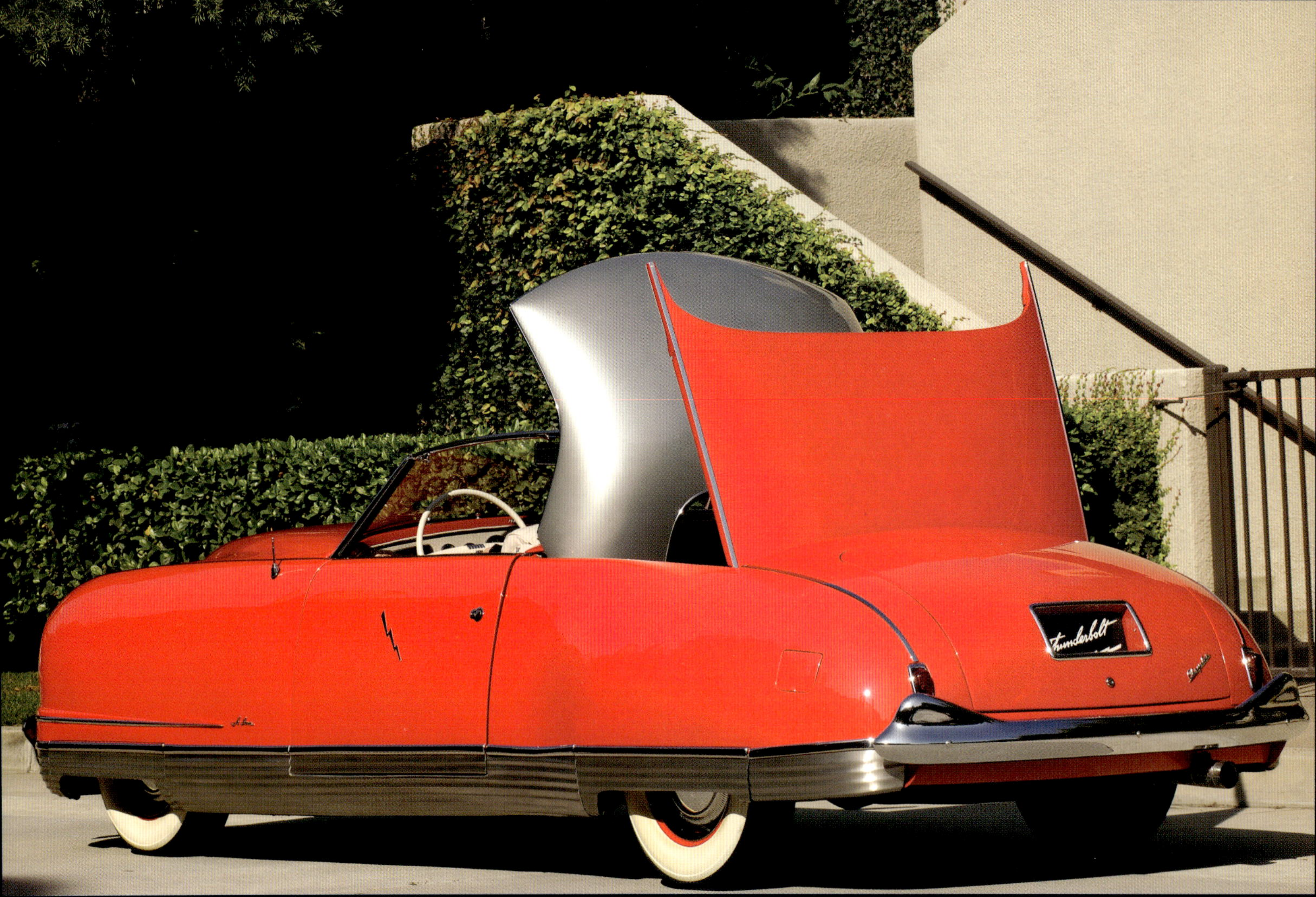

35+
AMPS

100 160 212
TEMP

0 10 20 30 40 50 60 70 80 90 100 110

País de origen:	Estados Unidos
Diseño de carrocería:	Alex Tremulis
Fecha de fabricación:	1940-41
Potencia:	143bhp (107kw) @ 3400rpm
Torque máximo:	270 lb.ft (366Nm) @ 1600rpm
Velocidad máxima:	161km/h (100mph)
0-60mph (0-97km/h):	n.a.
Transmisión:	3 velocidades Fluid Drive
Motor:	323.5 cu. in. (5,301cc) ocho cilindros en línea
Longitud:	3990mm (157 in.)
Ancho:	1640mm (65 in.)
Distancia entre ejes:	2440mm (145.5 in.)
Peso oficial:	n.a.
Frenos:	Tambores
Suspensión:	Independiente (F); Eje sólido (R)
Valor estimado:	US$ 1.5-2 millones (£970,000–1.3 millones; €1.1–1.5 millones)

1948 FERRARI 166 SCAGLIETTI SPYDER

Enzo Ferrari construyó los primeros carros con su nombre en 1947, todos destinados a las pistas de carreras y en esa primera y agitada temporada, sus autos compitieron en 14 eventos. Cuando terminó la temporada, Ferrari empezó a concentrarse en un lote de solo siete autos Spyder Corsa Tipo 166 de 2 litros que se pudieran vender a los clientes. El nombre "166" se derivaba de la capacidad cúbica de cada uno de los 12 cilindros del motor. Cinco fueron construidos con una distancia entre ejes larga y sólo dos con chasis corto. Puede que estos fueran carros para clientes, pero siguieron siendo corredores consumados, descritos en su momento como "los autos deportivos no supercargados más avanzados en el mundo actual".

Un ejemplo típico es el supremamente elegante Ferrari 166 Scaglietti Spyder. Entonces, en 1948, cuando salió de las puertas de la fábrica de Ferrari en Maranello en el norte de Italia, era apenas el séptimo Spyder Corsa que Ferrari construyera y lucía una carrocería alada hecha por Ansaloni en un chasis SWB. Bajo el cofre había un V12 de 2 litros diseñado por Gioacchino Colombo con tres carburadores Weber que se podían afinar hasta a 140bhp. Aunque estaba destinado a los caminos públicos, era ciertamente un auto de carreras y entró en el Grand Prix de Bari en 1948 con Giuseppe Farina tras el volante.

Durante las siguientes temporadas, el Spyder Corsa 166 compitió por toda Europa antes de ser vendido a un particular que decidió comisionar una nueva carrocería, algo que no era nada inusual en esos días. El fabricante de la carrocería fue Sergio Scaglietti y ésta no fue solo una de las primeras carrocerías que creara para un Ferrari, sino también una de sus más elegantes.

Era un auto deportivo a todo lo ancho que incorporaba sus distintivas salidas de aire en cada una de sus largas y curvas alas delanteras. La carrocería no sólo estaba perfectamente proporcionada, sino también supremamente elegante y fluida.

Pero igual de importante es lo que estaba bajo la carrocería, pues aunque el primer 125 Ferrari estaba equipado con motor de 1.5 litros, fue muy poco después que los modelos Tipo 166 con su motor de 2 litros crearon la reputación de Ferrari, ganando tanto la Mille Miglia como la Targa Florio. No es una exageración decir que el Ferrari 166 fue el inicio de una leyenda en los campos de los autos de carreras y los de turismo de alto desempeño.

Este Scaglietti Spyder fue exportado a California a mediados de los 1950s y fue vendido en 1969 por US$ 4,000. La siguiente vez que salió a la venta fue 32 años más tarde, cuando se vendió en más de un millón de dólares.

País de origen:	Italia
Diseño de carrocería:	Scaglietti
Fecha de fabricación:	1949
Potencia:	140bhp (104kw) @ 6600rpm
Torque máximo:	281 lb.ft (381Nm) @ 5500rpm
Velocidad máxima:	217km/h (135mph)
0-60mph (0-97km/h):	n.a.
Transmisión:	Manual 5 velocidades
Motor:	1,995cc V12
Longitud:	3658mm (144 in.)
Ancho:	1549mm (61 in.)
Distancia entre ejes:	2229mm (90.5 in.)
Peso oficial:	650kg (1433 lbs.)
Frenos:	Tambores hidráulicos
Suspensión:	Doble horquilla, ballestas transversales semi elípticas, amortiguadores de fricción (F); Eje diferencial con ballestas semi elípticas, amortiguadores Houdaille y brazos oscilantes (R)
Precio en subasta:	2007 US$ 1'045,000 (£677,787; €795,245)

1948 TUCKER SEDAN

Preston Thomas Tucker fue un hombre que en distintos momentos trabajó en el despacho de correos de Cadillac, sirvió como oficial de policía, fue vendedor de autos Dodge y Studebakery había perfeccionado una torreta durante la Segunda Guerra Mundial, lo que le proporcionó una pequeña fortuna.

Él eligió usar esa fortuna para desafiar el poderío de los Tres Grandes de Detroit - GM, Ford y Chrysler - con una berlinesa más larga para seis pasajeros con una tecnología extremadamente avanzada.

Tucker primero había planeado construir un auto deportivo llamado Tucker Torpedo, pero después se concentró en el Tucker Sedan, un diseño que era muy adelantado para su tiempo en muchos aspectos.

El plan original era un motor de seis cilindros opuestos, grande pero ligero, de aluminio y 9,651cc, diseñado para uso en los helicópteros Bell, pero de hecho, en su lugar fue instalada una unida más pequeña de 5,494cc construida por Air Cooled Motors. Fue convertida a enfriamiento por agua y montada transversalmente en la parte trasera, guiando una transmisión semiautomática con pre selector, basada en un diseño de Cord. Llegada la hora, se planeaba introducir una transmisión completa para autos "Tuckermatic".

Otras novedades incluían un faro central que giraba con el mecanismo del volante, frenos de disco en las cuatro ruedas (luego cambiados a tambores) y algunas de las primeras medidas pasivas de seguridad: un tablero acojinado, un parabrisas divido diseñado para botarse en caso de accidente e incluso cinturones de seguridad, pero estos fueron eliminados ya que se sentía que incluirlos implicaba que el auto no era seguro.

La imponente carrocería fue diseño de Alex Tremulis, quien había trabajado para Cord, Duesenberg y Auburn en el pasado. Se veía impresionante y se desempeñaba bien, y en su lanzamiento en 1948 Tucker describió a su Sedan como el "primer auto totalmente nuevo en 50 años".

Desafortunadamente, no logró cumplir con sus promesas ya que Tucker fue arrestado bajo cargos de fraude y otros crímenes financieros (el rumor era que los Tres Grandes de Detroit estaban detrás de las acusaciones, aunque esto nunca se probó). Tucker fue eventualmente absuelto pero el daño ya se había hecho y la confianza en el producto y en la compañía se desplomó. Para cuando fue intervenido, solo se habían construido 51 autos en la enorme ex fábrica de aviones Dodge en Chicago que Tucker había rentado.

Actualmente, el Tucker Sedan es algo tan escaso e interesante en la historia automotriz de los Estados Unidos que quizá no sea raro que los pocos ejemplares que quedan obtengan ahora precios tan altos. Tucker trató de vender su Sedan en US$ 2,450 en 1948. En las subastas actuales alcanza más de un millón de dólares.

País de origen:	Estados Unidos	Longitud:	5560mm (219 in.)
Diseño de carrocería:	Alex Tremulis	Ancho:	2007mm (79 in.)
Fecha de fabricación:	1948	Distancia entre ejes:	3250mm (128 in.)
Potencia:	166bhp (124kw) @ 3200rpm	Peso oficial:	1600kg (3527 lbs.)
Torque máximo:	(372 lb.ft.) (504Nm)	Frenos:	Tambores
Velocidad máxima:	190km/h (118mph)	Suspensión:	Independiente, rubber sandwich (F); Independiente, rubber sandwich (R)
0-60mph (0-97km/h):	10 segs		
Transmisión:	4 velocidades con pre selector		
Motor:	5,494cc seis cilindros opuestos	Precio en subasta:	2008 US$ 1'017,500 (£659,951; €774,318)

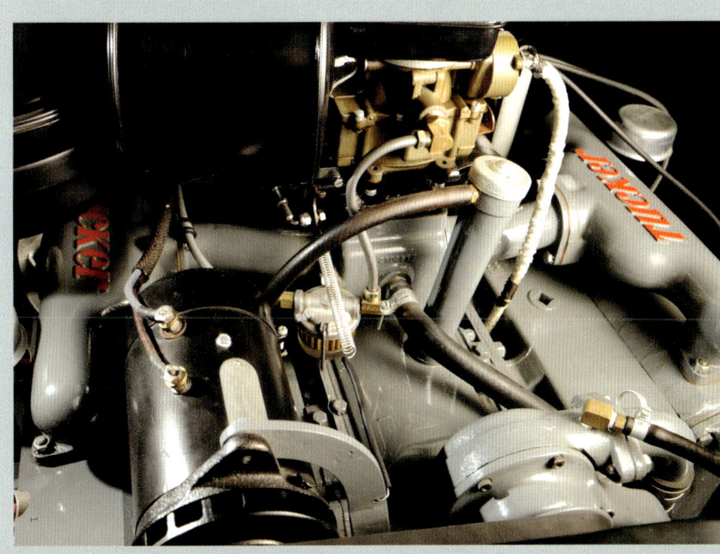

OIL
TEMP
03073

1952 JAGUAR TIPO C

El Jaguar XK120 fue lanzado en 1948, el primer auto deportivo totalmente nuevo de la post guerra de la compañía. Fue demostrado en una sección cerrada de una autovía en Bélgica cerca de Jabbeke a 132mph (213km/h), lo que era rápido para su tiempo y el auto pronto cumplió su promesa en la carrera de las 24 Horas de Le Mans.

Como resultado, en 1951 Jaguar desarrolló su primer carro diseñado exprofeso para carreras, el XK120C, en donde la "C" significa "Competencia". Usó el motor y la transmisión del XK120 standard pero su construcción fue única: tenía un chasis ligero sobre el cual se montaba una carrocería aerodinámica de aluminio igualmente ligera

La suave y decidida carrocería fue obra del aerodinamicista de la aviación, Malcolm Sayer. Era un diseño funcional, sin puerta para el pasajero (y sólo un simbólico asiento sobre la caja de herramientas), sin cajuela y un diseño al frente que permitía que toda la sección de la nariz de pudiera levantar sobre unas bisagras montadas para permitir un buen acceso al motor.

Inicialmente, el motor de 3.4 litros, 6 cilindros, doble árbol de levas del Tipo C, producía 205bhp (153kw), lo que era sustancialmente más que en el auto standard de turismo que era afinado entre 160bhp (119kw) y 180bhp (134kw). Más tarde, el Tipo C fue desarrollado para producir más potencia gracias a los carburadores Weber triples y a los árboles de levas de mayor elevación. Los frenos de disco remplazaron a las anteriores unidades de tambor y aun se ahorró más peso al usar un tanque de caucho para el combustible y componentes eléctricos más ligeros.

Tres autos entraron en la carrera 24 horas de Le Mans en 1951 y ganaron primer tiempo de salida en manos de Peter Walker y Peter Whitehead. Los otros dos carros, uno de los cuales era conducido por Stirling Moss, fueron retirados, pero el nuevo auto – para ahora conocido como el Jaguar Tipo C - ciertamente había dejado su marca.

El Tipo C ganó nuevamente en Le Mans en 1953 cuando Duncan Hamilton y Tony Rolt ganaron a una velocidad promedio de 106mph (171km/h), la primera vez que la carrera fuera ganada a un promedio por encima de las 100mph (161km/h). Antes de estos triunfos, Jaguar era poco conocido fuera del Reino Unido; Le Mans le proporcionó una publicidad positiva en todo el mundo.

Sólo se construyeron 52 Jaguares Tipo C, así que sigue siendo una genuina rareza. Se han producido muchas réplicas (algunas tan buenas que han alcanzado buenos precios en sí mismas), pero en las pocas ocasiones en que un Tipo C original es subastado, los precios son altos, como un reciente ejemplar que llegó a los US$ 2'530,000 en 2009. El auto de la fotografía fue alguna vez propiedad de Juan Manuel Fangio, por lo que su valor podría ser tan alto como US$ 3'500,000.

País de origen:	Reino Unido
Diseño de carrocería:	Malcolm Sayer
Fecha de fabricación:	1951-1952
Potencia:	200bhp (149kw) @ 5800rpm
Torque máximo:	220 lb.ft (298Nm) @ 3900rpm
Velocidad máxima:	241km/h (150mph)
0-60mph (0-97km/h):	8.1 segs
Transmisión:	Manual 4 velocidades
Motor:	3,442cc seis cilindros en línea
Longitud:	3990mm (157 in.)
Ancho:	1640mm (65 in.)
Distancia entre ejes:	2440mm (96 in.)
Peso oficial:	939kg (2065 lbs.)
Frenos:	Tambores
Suspensión:	Horquillas independientes, barras de torsión (F); Eje diferencial, brazos oscilantes, barra de torsión transversal, barra de transmisión Panhard (R)
Valor estimado:	US$ 3,500,000 (£2,270,100; €2,663,500)

JAGUAR CARS LTD.
COVENTRY

FinecoLeasing
1000 MIGLIA
297
BIPOP-CARIRE

1953 FERRARI 250 MM SPYDER

El Ferrari 250 S fue construido con un diseño específico para entrar en la Mille Miglia de 1952. Fue fabricado en un marco escalonado creado de una tubería de acero ovalada de gran diámetro y era impulsado por la ultimísima versión del maravilloso motor V12 de Gioachino Colombo, la unidad de 3 litros que significaba que cada uno de sus 12 cilindros desplazaba 250cc, y de allí el nombre "250".

Sorprendentemente, el V12 de Colombo había sido originalmente diseñado cinco años antes como unidad de 1.5 litros así que para estas fechas había duplicado su cilindrada. El incremento final de tamaño había sido logrado acrecentando el diámetro de cilindro a 73mm, y esto creó la máxima expresión del Colombo V12, suficientemente grande para los autos de turismo en el mercado, y también como para producir la clase de resultados en el mundo de las carreras que constantemente fortalecían la reputación de Ferrari.

Después de que el 250 S conducido por Giovanni Bracco ganara debidamente la Mille Miglia de ese año, Ferrari rápidamente desarrolló un auto de producción nombrado el MM en honor a la victoria en la Mille Miglia, pero que había sido construido en un chasis diferente aunque compartía el motor V12 de 3 litros.

El Ferrari 250 MM fue significativo porque fue el primero en una larga y honorable línea de modelos de producción Ferrari 250 que abarcó de 1952 a 1963. Su distancia entre ejes fue incrementada de 2250mm a 2400mm y la potencia de su V12 fue aumentada de 230bhp a 240bhp gracias a la adopción de carburadores Weber de cuatro gargantas.

En total, sólo se construyeron 31 modelos Ferrari 250 MM el siguiente año, 18 de los cuales tenían una carrocería Berlinetta esculpida por Pininfarina, mientras los otros 13 tenían carrocerías hechas por Vignale. Doce de estos eran Spyders de tres series distintas, mientras sólo se fabricó un coupé con carrocería Vignale.

En realidad el 250 MM no fue particularmente exitoso en los eventos internacionales más importantes, ya que fue pronto opacado por el más rápido 340 MM, pero alineado por iniciativas privadas en ambos lados del Atlántico, cosechó muchas victorias en las carreras GT.

Pero lo que hace al 250 MM realmente significativo es que llevó directamente al Ferrari 250 GT, que fue lanzado en 1954 – y esa combinación de "250" y "GT" es prácticamente lo máximo que se puede esperar en la historia de los súper carros.

Todo Ferrari 250 MM es importante pero el chasis 0348MM fue originalmente vendido a Alfred Momo. El auto fue subastado dos veces en 2004, llegando a los US$ 1'650,000.

CARLO BORRANI S.P.A.
-MILANO-
SMONTARE

País de origen:	Italia
Diseño de carrocería:	Vignale
Fecha de fabricación:	1952-1953
Potencia:	240bhp (179kw) @ 7200rpm
Torque máximo:	n.a.
Velocidad máxima:	220km/h (137mph)
0-60mph (0-97km/h):	5.1 segs
Transmisión:	Manual 4 velocidades
Motor:	2,953cc V12
Longitud:	4390mm (172.8 in.)
Ancho:	1650mm (65 in.)
Distancia entre ejes:	2600mm (102.4 in.)
Peso oficial:	1065kg (2350 lbs.)
Frenos:	Tambores
Suspensión:	Doble horquilla, una ballestas transversal (F); Eje diferencial, ballestas semi elípticas longitudinales (R)
Precio en subasta:	2004 US$ 2'543,941 (£1'650,000; €1'935,939)

1953 FERRARI 375 MM SPYDER 340 HP

Aurelio Lampredi era un genio de la ingeniería, empleado por Enzo Ferrari para producir un nuevo V12 para sus autos F1 en 1951 después de que Ferrari fuera ampliamente derrotado por Alfa Romeo en el primer Campeonato de Fórmula Uno en 1950.

Lampredi produjo un nuevo V12 de 4.5 litros de aspiración natural con ligeras cabezas de cilindro y bloque de aleación que producían unos 350bhp – más que suficiente para ser competitivos. De hecho, Alfa Romeo se retiró de la F1 al final de la temporada de 1951, y siendo Ferrari la única escuadra competitiva que quedaba, la FIA decidió que durante los siguientes dos años el Campeonato de F1 se correría bajo las disposiciones para F2.

Ante esta situación, el nuevo Lampredi V12 era redundante pero Ferrari tenía otras ideas y pronto bocetó un biplaza ligero que fuera impulsado por el motor F1 para competir en las carreras GT. Los primeros autos fueron equipados con el mismo motor exactamente que los autos F1 de la temporada anterior habían usado, pero para mejorar la confiabilidad, los carros posteriores tenían un diámetro de cilindro mayor y la carrera del pistón reducida para dar lugar a un desempeño de altas revoluciones.

El carro fue llamado Ferrari 375 MM, y en los siguientes dos años se construyeron 26 de ellos, la mayoría vestidos con carrocerías Pininfarina Spyder aunque las de algunos eran Pininfarina Berlinetta y cinco fueron equipados por fabricantes independientes.

El auto fue un éxito inmediato alrededor del mundo, aunque tristemente no logró ganar en Le Mans en 1954, principalmente debido a que sus anticuados frenos de tambor no eran rival para los frenos de disco de su competencia, el Jaguar Tipo C. Sin embargo, la versión revisada, el 375 Plus equipado con un motor más grande de 4,954cc, sí ganó el prestigioso evento en 1954.

El Ferrari 375 MM retratado empezó su vida en 1953 como un Pininfarina Spyder pero en 1954 fue regresado a Ferrari para recibir una nueva carrocería creada por Scaglietti. Scaglietti, por cierto, desarrollaría una relación mucho más cercana con Ferrari y estaba destinado a convertirse en el fabricante de carrocerías al que Ferrari recurría primero para la mayoría de sus autos de competencia. Esta carrocería – chasis número 0366AM – es especialmente interesante porque es un primer apuntador a los próximos diseños clásicos de Ferrari, incluyendo el legendario Testa Rossa 250.

Ofrecido en venta en 2005, el trato no se cerró a pesar de una oferta de US$ 2'225,000, ya que es de entender que su dueño creyera que valiera considerablemente más.

NOV
California
54529

País de origen:	Italia
Diseño de carrocería:	Scaglietti
Fecha de fabricación:	1953-54
Potencia:	340bhp (253.5kw) @ 7000rpm
Torque máximo:	n.a.
Velocidad máxima:	n.a.
0-60mph (0-97km/h):	n.a.
Transmisión:	Manual 4 velocidades
Motor:	4,522cc V12
Longitud:	4175mm (164.4 in.)
Ancho:	1325mm (52.2 in.)
Distancia entre ejes:	2600mm (102.3 in.)
Peso oficial:	1090kg (2400 lbs.)
Frenos:	Tambores
Suspensión:	Brazos A paralelos de longitud desigual con ballestas transversales, barra contra ladeo y amortiguadores de palanca (F); Eje diferencial, ballestas semi elípticas, brazos paralelos, amortiguadores de palanca (R)
Valor estimado:	2005 US$ 2'225,000 (más de £1'443,135; €1'693,225)

1953 MASERATI A6 GCS

En los 1950s no era extraño que los fabricantes produjeran autos deportivos que se basaran ligeramente en sus carros de carreras, y uno de los más exitosos fue el Maserati A6 GCS, que era impulsado por un motor Maserati Formula 2 DOHC de carrera corta, de 2 litros. Para el auto deportivo, el ingeniero Gioachino Colombo – quien recientemente se había ido de Ferrari a Maserati – diseñó un chasis de marco escalonado creado de una tubería de acero ovalada sobre el que se colocó una carrocería Spyder, elegante y curvilínea, hecha por Fantuzzi. Entre 1953 y 1955, se construyeron un total de autos 53 Maserati A6 GCS, todos con carrocerías Fantuzzi Spyder excepto por cuatro coupés Pininfarina, un Spyder Frua y un Spyder Vignale.

El motor de dos árboles de levas, seis cilindros en línea, de 2 litros, con su block de aluminio, era inusual porque tenía dos bujías por cilindro y revolucionaba libremente a 7300rpm y producía 170bhp, así que el desempeño era maravilloso para sus días, ayudado por los esfuerzos de Colombo para ecualizar la distribución del peso ubicando la caja de velocidades con el transeje trasero.

El diseño de la suspensión también le debía mucho al carro Fórmula 2, por sus dobles horquillas al frente y ballestas transversales atrás. El frenado era mediante discos Dunlop y el peso no suspendido se mantenía al mínimo gracias a las ruedas de alambre de Borrani. El nuevo auto pronto mostró su potencial, ganando muchas carreras alrededor del mundo, incluyendo triunfos en su clase y el quinto lugar general para Giletti y Berttocchi en la Mille Miglia de 1953, e impresionantes demostraciones en los eventos de Targa Florio y Pescara.

El Maserati A6 GCS número de chasis 2053 fue originalmente vendido en los Estados Unidos a P. Ducati Motors y se cree que fue conducido por Juan Manuel Fangio en la autopista Thompson en octubre de 1953. Más tarde se le colocó un Chevrolet V8 y aún después fue un auto de turismo. Fue restaurado tras ser vendido en 1989 y nuevamente restaurado en 1998 para regresarlo a su condición y especificación originales. Esto implicó equiparlo con una reproducción del motor Maserati original. Curiosamente, el motor original fue calificado en 202bhp, considerablemente más que la cifra de 170bhp calculada en 1953.

Una fiel restauración ha regresado la cabina a su original escueto y pintado de plata, con sus brillantes indicadores azules pensados para leerse fácilmente a alta velocidad. El precio solicitado en 2010 era de US$ 1'850,000.

PARKING FOR THE
59th St. GROUP
ONLY
596-3700

País de origen:	Italia
Diseño de carrocería:	Fantuzzi
Fecha de fabricación:	1953-1954
Potencia:	170bhp (126.7kw) @ 7300rpm
Torque máximo:	n.a.
Velocidad máxima:	235km/h (147mph)
0-60mph (0-97km/h):	n.a.
Transmisión:	Manual 5 velocidades
Motor:	1,986cc seis cilindros
Longitud:	3840mm (151.2 in.)
Ancho:	1530mm (60.2 in.)
Distancia entre ejes:	2310mm (90.0 in.)
Peso oficial:	740kg (1628 lbs.)
Frenos:	Tambores traseros y delanteros
Suspensión:	Independiente con muelles helicoidales, barra estabilizadora y amortiguadores hidráulicos Houdaille (F); Eje rígido con ballestas longitudinales, barra estabilizadora y amortiguadores hidráulicos Houdaille (R)
Valor estimado:	2010 US$ 1'850,000 (£1'199,910; €1'407,850)

PARKING FOR THE
59th St. GROUP
ONLY
596-3700

1954 FERRARI MONZA SPYDER 250

En los inicios de los 1950s Ferrari produjo un número inusitado de nuevos modelos, usando los motores que tenía disponibles para crear autos de carreras en las que participaran tanto su escudería, como clientes ricos que corrían ellos mismos.

Así, en 1954 el Mondial 500 usó un motor de 2 litros con cuatro cilindros en línea, mientras el Monza 750 tenía un motor de 3 litros y cuatro cilindros. Luego ese mismo año, Ferrari decidió que se requería un competidor más potente, así que colocó el Colombo V12 que ya se había probado a sí mismo en el 250 MM, en un chasis ligeramente alargado Monza 750 tipo escalonado para crear el Ferrari Monza 250. Compartía la suspensión independiente del Monza 750 y el recién introducido eje trasero De Dion.

El V12 era muy similar al del 250 MM pero en el Monza 250, cada uno de los 12 cilindros tenía su propio puerto de consumo individual en lugar del anterior diseño siamés. Las nuevas cabezas, equipadas con tres carburadores Weber de cuatro barriles, producían unos saludables 240bhp.

Sólo se fabricaron cuatro de estos Monzas 250, dos de ellos con carrocerías Pininfarina Berlinetta similares a los del Mondial 500, y otros dos con carrocería Scaglietti Spyder muy similar a los Monza 750. Scaglietti puede haber construido el cuerpo de aluminio, pero se dice que el diseño fue realmente realizado por el joven Dino Ferrari, hijo de Enzo.

Ferrari retuvo el primer Monza 250 para las competencias de la escudería y otros tres fueron vendidos a clientes en Italia que corrían con cierto éxito.

La primera salida en competencias del auto fue en el Autódromo Monza en junio de 1954, de donde toma su nombre. Más tarde, en 1954 entró en la agotadora Carrera Panamericana México, el último año en que esta famosa carrera de 2,000 millas se llevaría a cabo. El Monza 250 terminó en quinto lugar en total, un resultado bueno, considerando la mucho más poderosa oposición de los autos Ferrari 375 Plus y 375 MM.

De los cuatro autos originales Ferrari Monza 250, uno de los dos Pininfarina Spyders fue cambiado de carrocería en 1957 por el importador de Ferrari en Estados Unidos, Luigi Chinetti, quien comisionó a Scaglietti que produjera un nuevo Spyder en el estilo del 250 TR.

Uno de los dos Scaglietti Spyders, el chasis Spyder 0442M que había competido en la Carrera Panamericana y que se cree que sea el único de los cuatro Monza 250 que retuvo su carrocería original fue vendido en subasta en 2002 por US$ 1'705,000 aunque se reporta que fue posteriormente exhibido en el Retromobile 2007 de París donde fue vendido y luego ofrecido nuevamente en venta a un precio de unos £5.5 millones.

País de origen:	Italia
Diseño de carrocería:	Scaglietti
Fecha de fabricación:	1953-54
Potencia:	240bhp (179kw) @ 7200rpm
Torque máximo:	n.a.
Velocidad máxima:	n.a.
0-60mph (0-97km/h):	n.a.
Transmisión:	Manual 4 velocidades
Motor:	2,953cc V12
Longitud:	4175mm (164.4 in.)
Ancho:	1325mm (52.2 in.)
Distancia entre ejes:	2250mm (88.6 in.)
Peso oficial:	850kg (1870 lbs.)
Frenos:	Tambores
Suspensión:	Brazos A paralelos de longitud desigual con ballestas transversales, muelles helicoidales y amortiguadores (F); Eje De Dion, ballestas transversales, y amortiguadores (R)
Valor estimado:	2007 US$ 8'479,803 (£5'500,000; €6'453,130)

VTF4

1955 JAGUAR TIPO D 3.4 LITROS SPORTS

El Jaguar Tipo D fue desarrollado con un sólo propósito en mente: continuar con los triunfos del Tipo C en Le Mans en 1951 y 1953 con todavía una victoria más. Compartía el anterior motor del Tipo C de seis cilindros XK pero allí acababan las similitudes: el Tipo D tenía un chasis monocasco hecho a la medida, soldado a un submarco y una carrocería altamente aerodinámica con una distintiva aleta vertical en la parte trasera pensada para mantener la estabilidad a las altas velocidades de la larga recta Mulsanne en Le Mans.

El motor fue revaluado a 240bhp con una lubricación de cárter especificada para reducir los picos de aceite en las curvas y también la altura del motor para que se pudiera diseñar un perfil más aerodinámico.

Se empleó aleación de magnesio en los primeros autos para la estructura, la carrocería y las partes de la suspensión. Esto resultó en un peso reducido pero fue demasiado caro de fabricar y reparar así que en 1955 se emplearon aluminio y acero en su lugar.

El Tipo D tuvo un entusiasta debut, con Duncan Hamilton y Tony Rolt llegando en segundo lugar en las 24 Horas de Le Mans de 1954. Luego al año siguiente se le colocó una nariz más larga para mejorar la velocidad máxima y el flujo del aire sobre el frente del carro y el Tipo D conducido por Mike Hawthorn e Ivor Bueb ganó debidamente en Le Mans en 1955 – una carrera que es principalmente recordada por que el Mercedes-Benz SLR de Pierre Levegh fue lanzado contra el público tras un accidente en la pista que causó 80 muertos.

Mercedes se retiró de las carreras al final de la temporada, pero sin arredrase, el equipo Jaguar Ecurie Ecosse continuó ganando en Le Mans nuevamente, tanto en 1956 como en 1957. En total, Jaguar construyó 68 Tipo D aunque solo 43 de ellos corrieron. Jaguar luego planeó en convertir los restantes 25 para hacerlos legales para uso en las calles. Se le agregaron defensas, más instrumentación, un asiento y una puerta para un pasajero, y se le quitó la aleta para crear el Jaguar XKSS. Sin embargo, sólo se habían convertido 16 cuando un incendio en la fábrica llevó al proyecto a detenerse.

El Tipo D fue el auto de carreras más exitoso de Jaguar y habiéndose construido relativamente pocos de ellos, sus precios son inevitablemente altos, en especial para autos con un pedigrí en las carreras o una celebridad como propietario. Un Tipo D llegó a los US$ 4'400,00 en 2008 lo que estableció un nuevo récord de precio para uno de estos emblemáticos autos. Desde entonces, los Tipo D que han aparecido en subastas no han alcanzado un nivel muy alto, aunque a principios de 2010 el martillo cayó en otro Tipo D a los US$ 3'740,000.

M.P.H.
SMITHS
WATER

País de origen:	Reino Unido
Diseño de carrocería:	Malcolm Sayer
Fecha de fabricación:	1954-56
Potencia:	245bhp (183kw) @ 6000rpm
Torque máximo:	240 lb.ft (325Nm) @ 4000rpm
Velocidad máxima:	274km/h (170mph)
0-60mph (0-97km/h):	7.0 segs
Transmisión:	Manual 4 velocidades
Motor:	3,442cc seis cilindros en línea
Longitud:	3912mm (154 in.)
Ancho:	1664mm (65.5 in.)
Distancia entre ejes:	2300mm (90.6 in.)
Peso oficial:	840kg (1852 lbs.)
Frenos:	Disco
Suspensión:	Doble Horquilla, barras de torsión, amortiguadores telescópicos (F); Eje sólido con brazos oscilantes, barra de torsión transversa, amortiguadores telescópicos (R).
Precio en subasta:	Enero 2010 US$ 3'740,000 (£2'425,764; €2'846,140)

1955 MERCEDES-BENZ 300 SLS ROADSTER PROTOTIPO

Único es una palabra mal empleada con frecuencia, pero en ocasiones puede justificarse usarla para describir un auto. Este, el chasis número 00009/52, nació en 1952 como un Mercedes-Benz SL Gullwing Coupé, construido por el Departamento de Carreras de Mercedes para competir en Le Mans. Conducido por Helfrich y Niedermayoer entró en segundo lugar contra otro Mercedes SL, luego entró tercero en el Nürburgring Sports Car Championship y corrió con fuerza en la Carrera Panamericana de México antes de ser descalificado por un tecnicismo.

Después de eso, el auto fue usado para varios propósitos de prueba, inicialmente se le colocó un nuevo motor de inyección de combustible en 1953 y al año siguiente fue usado como prototipo para el propuesto nuevo 300SL Roadster.

Durante el curso de 1955, el chasis del auto fue modificado para incrementar la rigidez (esencial para evitar la excesiva vibración de los convertibles ya que la rigidez torsional se pierde inevitablemente al quitar la estructura del techo) y se le colocó una nueva carrocería diseñada por Freidrich Geiger. En ese momento, el auto fue registrado como de turismo en Alemania y las pruebas continuaron hasta fines de 1956, cuando el auto, ahora llamado "300 SLS" (por Super Light Special), fue revelado a la prensa en compañía del campeón del Sports Car Club of America (SCCA) Paul O'Shea.

O'Shea luego demostró en Nürburgring y otros circuitos que el nuevo 300 SLS tenía un verdadero potencial para las carreras y Mercedes decidió construir dos autos 300 SLS más, específicamente para competir en la serie SCCA en 1957. Paul O'Shea en uno de los nuevos 300SLS de carreras ganó el Campeonato Clase D del SCCA, mientras el prototipo original continuó siendo usado para pruebas por Mercedes-Benz, entre ellas el desarrollo de una nueva capota rígida removible para el Roadster 300SL – el auto de capota suave que fue lanzado en 1957 en la Exposición de Autos de Geneva, basado en el prototipo original 300 SLS.

De acuerdo con los registros de la fábrica, el prototipo 300 SLS permaneció en Mercedes-Benz hasta 1965 cuando se le vendió a un propietario particular. Pasó por las manos de varios propietarios antes de llegar a California en 1987 donde Scott Grunfor inició una restauración completa. Luego fue vendido a un coleccionista japonés, pero regresó a Pebble Beach para el Concours tanto en1991 como en 1997.

El Mercedes 300 SLS Prototipo es un auto único y es muy difícil de valuar, pero confiablemente se estima que si fuera puesto en venta, es poco probable que el martillo cayera antes de que alguien ofreciera al menos US$ 1'500,000.

País de origen:	Alemania
Diseño de carrocería:	Mercedes-Benz
Fecha de fabricación:	1955
Potencia:	240bhp (179kw) @ 5800rpm
Torque máximo:	309Nm (228 lb.ft.) @ 5000rpm
Velocidad máxima:	265km/h (165mph)
0-60mph (0-97km/h):	7.2 segs
Transmisión:	Manual 4 velocidades
Motor:	2,996cc seis cilindros en línea
Longitud:	4520mm (178 in.)
Ancho:	1790mm (70.5 in.)
Distancia entre ejes:	2400mm (94.5 in.)
Peso oficial:	1093kg (235 lbs.)
Frenos:	Discos al frente, tambores atrás;
Suspensión:	Doble horquilla, muelles helicoidales, barra estabilizadora (F); Pivote alto eje swing, brazos radiales y muelles helicoidales (R)
Valor estimado:	US$ 1,500,000 (£972,900; €1,141,500)

1956 MASERATI TIPO 52 2SI SPORT INTERNAZIONALE

El carro deportivo Maserati 150S de 1.5 litros fue exitoso desde su primera aparición en la carrera Nürburgring de 500km de 1955, cuando Jean Behra calificó en la *pole position* y continuó dominando la carrera hasta llegar a la bandera de llegada. Después de eso, el bello biplaza, que parecía una versión a escala del poderoso Maserati 300S, continuó dominando a pesar de la oposición de autos como Lotus, Porsche y Cooper.

Como resultado, el siguiente paso de Maserati fue llevar el motor a 2 litros, colocarle válvulas más grandes y carburadores Weber más grandes para incrementar la potencia de 140bhp a 186bhp. Bajo la piel, el chasis era virtualmente idéntico al del 150S mientras la carrocería era nuevamente una adaptación de las líneas y proporciones del 300S.

De 1955 a 1957 Maserati ofreció los 200S a clientes privados ricos que deseaban correr, y también corría con su escudería. El Maserati 200S conducido por Franco Bordoni no logró impresionar ni en el Grand Prix de Imola de 1955 ni en la Targa Florio más tarde en esa temporada.

En 1957 el 200S se convirtió en el 200SI – por Sport Internazionale – que significaba que el carro se adhería a las últimas disposiciones de las carreras. Para ese tiempo el 200S original había sido desarrollado para mejorar su manejo con la adopción de un eje trasero De Dion y mejores frenos. Maserati había fabricado cuatro ejemplares con eje rígido, pero los siguientes autos fueron construidos en un chasis tubular construido por Gilco antes de regresar a los talleres de Maserati para más modificaciones. Adicionalmente, el cuerpo con nariz más larga fue obra de Medardo Fantuzzi quien asumió la responsabilidad de la carrocería de Celestino Fiandri quien había realizado algunas de las primeras carrocerías.

El Maserati 200SI fue más exitoso en las temporadas 1956 y 1957, al final de la cual cesó la producción, y su última aparición competitiva fue en el Grand Prix de Sicilia en 1957, fue ganada por Scarlatti. Con 32 ejemplares vendidos, el 200SI fue ciertamente un éxito comercial para Maserati aunque distaba mucho de ser uno de los corredores más exitosos de la compañía, quizá porque su complicado manejo solo podía ser realmente dominado por pilotos profesionales y no por amateurs adinerados.

El primer 200SI, un carro de fábrica Maserati con número de chasis 2401 fue corrido por Jean Behra en el Grand Prix de Venezuela en 1957, y ganó en la clase de 2 litros. Varios propietarios posteriores participaron en numerosos eventos Concours y de Carreras Históricas, y cuando éste bien conocido Maserati fue subastado en 2010 logró una muy merecida etiqueta de precio de US$ 2'640,000.

País de origen:	Italia
Diseño de carrocería:	Fantuzzi
Fecha de fabricación:	1955-57
Potencia:	190bhp (140kw) @ 7,500rpm
Torque máximo:	n.a.
Velocidad máxima:	162mph (261km/h)
0-60mph (0-97km/h):	n.a.
Transmisión:	Manual 4 o 5 velocidades
Motor:	1,994cc cuatro cilindros en línea
Longitud:	3900mm (153.5 in.)
Ancho:	1450mm (57 in.)
Distancia entre ejes:	2250mm (86.6 in.)
Peso oficial:	670kg (1,477 lbs.)
Frenos:	Tambores hidráulicos
Suspensión:	Independiente con muelles helicoidales, barra de torsión y amortiguadores (F); Eje De Dion con ballestas transversales con amortiguadores (R)
Precio en subasta:	2010 US$ 2'640,000 (£1'712,304; €2'009,040)

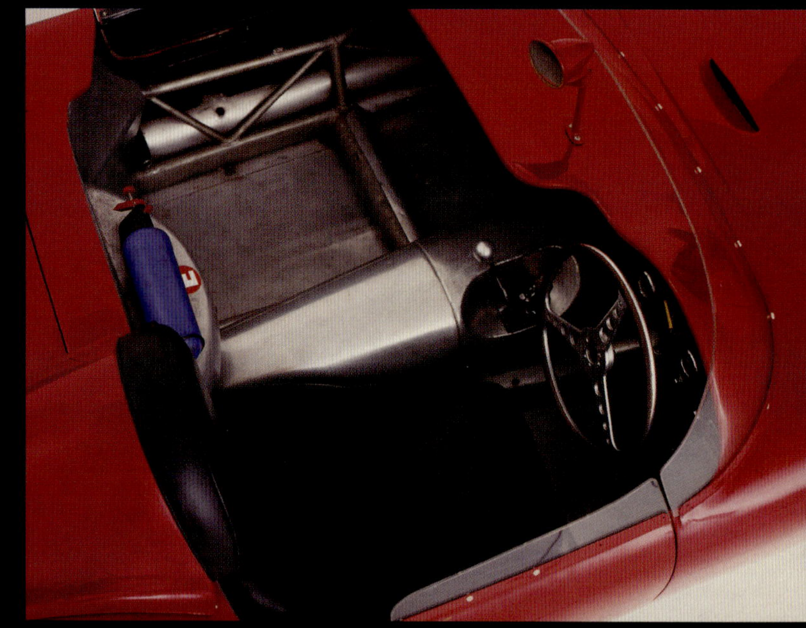

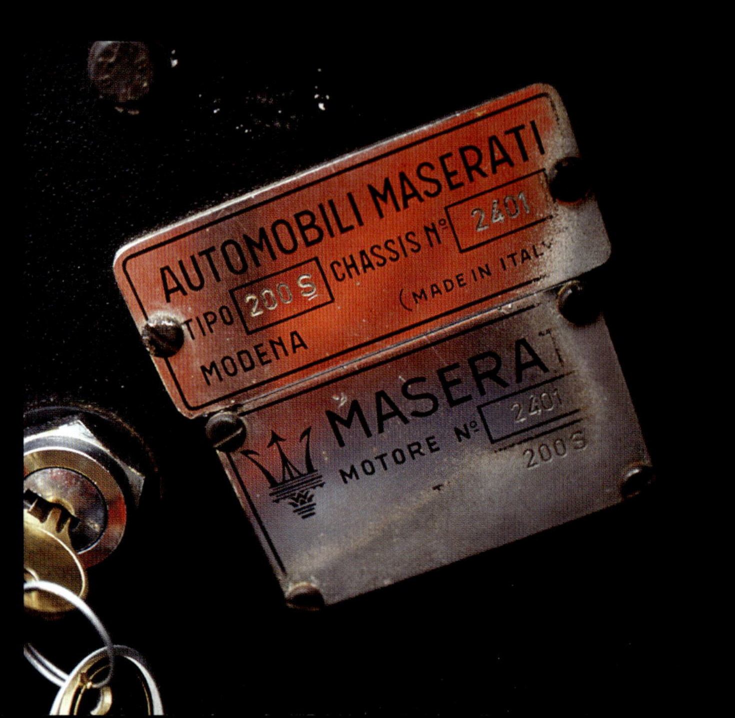

MASERATI
MASERATI

1957 FERRARI 250 PONTOON FENDER TESTA ROSSA

En 2009 un Pontoon Fender 1957 Ferrari 250 Testa Rossa negro fue subastado en US$12.4 millones. Al año siguiente, en 2010, otro ejemplar, esta vez un modelo 1958 luciendo distintivos amarillo y verde, quedó sin venderse en una subasta a pesar de una oferta de más de US$10 millones.

¿Qué es lo que hace a este Ferrari tan especial?

En parte porque cada uno de ellos tiene un número de chasis par, lo que les indica a los ferraristas que fueron construidos para carreras. Fue pilotado por todos los grandes de esa época – incluyendo a Jean Behra, Pedro Rodríguez, Wolfgang Von Trips, Phil Hill, Dan Gurney, Carroll Shelby, Mike Hawthorn y Peter Collins. Y su récord no ha sido superado, con cuatro victorias en Le Mans y cuatro Campeonatos World Constructor gracias a que vencieron en 10 de las 19 carreras de Campeonato entre 1958 y 1961. No es de extrañar que la descripción del 250 Testa Rossa del diseñador Sergio Scaglietti se hiciera famosa al llamarlos "Autos Fórmula 1 con defensas."

También fue en parte porque sólo se construyeron 21 de los distintivos Pontoon Fender Testa Rossas, haciéndolo aun más escaso que otro Ferrari clásico de ese tiempo, el 250 GTO.

Pero principalmente es porque, junto con un asombroso pedigrí en las carreras y un alto grado de exclusividad, el Ferrari 250 Testa Rossa es muy sencillamente uno de los autos más bellos jamás concebidos. La fluida carrocería de Sergio Scaglietti es dramática y agresiva y al mismo tiempo elegante y estilizada. Es verdadero diseño automotriz italiano en su máxima expresión.

Bajo el largo y curvo cofre hay un V12 de 3 litros con un solo árbol de levas que produce 300bhp (223kw) – y en tributo a los ingenieros que alcanzaron 100bhp por litro, las cubiertas de las levas fueron pintadas de rojo; de allí su nombre Testa Rossa – que en italiano significa "Cabeza Roja".

Ofrecía un desempeño sorprendente, con una aceleración 0-100mph (0-161km/h) en sólo 16 segundos y una velocidad máxima de 167mph (269km/h). De los rivales del 250 Testa Rossa en las pistas, el Maserati 450S era más potente, el Aston Martin DBR1 tenía una aerodinámica superior, y tanto el Aston como el Jaguar Tipo D estaban equipados con los frenos de disco de vanguardia y eran mucho más efectivos. Y sin embargo era el Ferrari el que ganó una y otra vez, demostrando que su brillantez como un todo, podía superar sus limitaciones en áreas individuales.

No sorprende que el Ferrari 250 Testa Rossa siga siendo uno de los carros más deseables de todos los tiempos – con precios estratosféricos a juego.

0
10
20
30
40
50
60
70
80
90
100
JAEGER
GIRI x 100

País de origen:	Italia
Diseño de carrocería:	Scaglietti
Fecha de fabricación:	1957-1958
Potencia:	300bhp (223kw) @ 7200rpm
Torque máximo:	281 lb.ft (381Nm) @ 5500rpm
Velocidad máxima:	269km/h (167mph)
0-60mph (0-97km/h):	6.0 segs
Transmisión:	Manual 4 velocidades
Motor:	2,953cc V12
Longitud:	3959mm (156 in.)
Ancho:	1523mm (60 in.)
Distancia entre ejes:	2250mm (89 in.)
Peso oficial:	794kg (1746 lbs.)
Frenos:	Tambores de aluminio
Suspensión:	Brazos A desiguales con muelles helicoidales, amortiguadores Houdaille y barra estabilizadora (F); Eje diferencial con ballestas semi elípticas, amortiguadores Houdaille y brazos oscilantes (R)
Precio en subasta:	2009 US$ 12'200,000 (£7'912,920; €9'284,200)

1958 FERRARI 250 GT CALIFORNIA SPYDER LWB

Enzo Ferrari creó un mercado completamente nuevo en los 1950s cuando lanzó el concepto Gran Turismo o GT – esencialmente, autos que no eran corredores consumados, pero que estaban diseñados primariamente para usarlos en las calles. Así, mientras Ferrari seguía produciendo Berlinettas para carreras, también empezó a ofrecer coupés más confortables y elegantes cabriolets Pininfarina.

Los cabriolets descapotables fueron especialmente populares en los Estados Unidos pero los dos distribuidores de Ferrari allí – Luigi Chinetti en la Costa Este y John von Neumann en la Costa Oeste – identificaron todavía otro nicho de mercado. Ellos propusieron una versión convertible de la más potente Berlinetta, y Ferrari rápidamente cumplió, produciendo un prototipo del 250 GT California Spyder en 1957.

La carrocería diseñada por Pininfarina, que era realmente fabricada por Scaglietti, se veía similar al cabriolet, pero con estilo más agresivo, lo que era muy bueno, ya que el motor era exactamente el mismo que usaba la Berlinetta 250 GT "Tour de France". El nuevo Spyder también compartía el chasis escalonado tubular, la configuración de la suspensión y el motor V12 de 3 litros del 250 GT.

El resultado fue un nuevo modelo que ofrecía tanto el desempeño de un súper carro como un atractivo extremo. Era capaz de alcanzar los 145mph (233km/h) y se sentía como en su casa tanto en los boulevards de Santa Mónica como en la pista de carreras de Laguna Seca.

Se construyó una producción inicial de 47 California Spyders, algunos de los cuales fueron ordenados con una carrocería de aluminio más ligera y un motor más potente para los que querían ir a correr. Desde el principio el auto fue un éxito en las pistas, con Bob Grossman y Fernand Tavano quedando en quinto lugar en Le Mans en 1959 y Richie Ginther y Howard Hively ganando rotundamente en las 12 Horas de Sebring el mismo año.

El siguiente año, 1960, una versión revisada del California Spyder fue presentada con modificaciones en el motor, los frenos y la suspensión que mejoraron el potencial del auto para las carreras. Al mismo tiempo, la distancia entre ejes fue acortada para reducir el peso aun más y mejorar el manejo.

Debido a su relativa escasez pero también porque se considera uno de los autos Ferrari más elegantes jamás producidos, sus valores continúan siendo realmente altos, por lo que el último LWB California Spyder que salió a subasta alcanzó más de US$ 2'000,000.

País de origen:	Italia
Diseño de carrocería:	Pininfarina
Fecha de fabricación:	1957-60
Potencia:	240bhp (179kw) @ 7000rpm
Torque máximo:	188 lb.ft (255Nm) @ 5500rpm
Velocidad máxima:	257km/h (160mph)
0-60mph (0-97km/h):	8.0 segs
Transmisión:	Manual 4 velocidades
Motor:	2,953cc V12
Longitud:	4400mm (173.2 in.)
Ancho:	1650mm (65 in.)
Distancia entre ejes:	2600mm (102.4 in.)
Peso oficial:	1200kg (2640 lbs.)
Frenos:	Tambores
Suspensión:	Doble horquilla, muelles helicoidales, amortiguadores telescópicos (F); Eje diferencial, muelles helicoidales, amortiguadores telescópicos (R)
Precio en subasta:	2010 US$ 2'612,500 (£1'694,468; €1'988,112)

1959 FERRARI 250 GT TDF BERLINETTA

Durante los 1950s uno de los eventos de carreras deportivas más extenuantes – tanto para los autos como para los pilotos – era la Tour de France. Implicaba abarcar 5,000km en cinco o seis días de competencias, realizando varios circuitos de carreras, carreras de montaña y sprints principalmente en Francia, pero en ocasiones pasando a las fronteras de Bélgica, Alemania e Italia.

En 1956 Alphonso de Portago, un español de la nobleza que compitió en los Juegos Olímpicos de Invierno en 1956 en el equipo español de bobsled y que fue el campeón de jockey amateur francés tres veces, entró a la Tour de France en su Ferrari 250 GT Berlinetta y ganó. Los siguientes tres años el evento fue ganado por Olivier Gendebien en otro 250 GT Berlinetta, y como resultado, el carro adoptó un nombre no oficial: el 250 GT Tour de France o TDF.

En total se construyeron 72 ejemplares del 250 GT TDF, aunque esos autos no eran iguales en lo más mínimo. El diseño básico giraba alrededor del auto de competencias 250 GT que fue diseñado por Pininfarina y que fue uno de los éxitos de la Exposición de Autos de París de 1955. Sólo unos meses después, en la Exposición de Autos de Ginebra de 1956, Scaglietti reveló su 250 GT Berlinetta que entró en producción más tarde ese año. Todos los primeros autos tenían 14 ventilaciones en el panel de navegación detrás de la cabina, mientras los modelos posteriores tenían tres ventilaciones, y los pocos autos que se hicieron al final tenían una sola. Sólo unos cuantos de los últimos carros tenían faros abiertos y se construyeron cinco autos súper ligeros con carrocerías hechas por Zagato.

El chasis permaneció relativamente sin cambios aunque la suspensión delantera fue adaptada de ballestas transversales a muelles helicoidales más efectivos. La caja de cambios permaneció también casi sin cambios, aunque los últimos carros tenían un nuevo diseño sincronizado hecho por Porsche. Todos los motores eran del diseño de Colombo, V12 de 3 litros aunque estos fueron desarrollados durante la vida del 250 GT para incrementar la potencia.

El Ferrari 250 GT fue el más exitoso de los autos deportivos de 3 litros de su generación, al ganar no sólo la Tour de France sino también en todos los eventos más importantes del mundo incluyendo la Mille Miglia, Targa Florio, Le Mans y el World Sports Championship. Es uno de los autos que realmente tiene el ADN de Ferrari corriendo por sus venas – un auto de competencias altamente exitoso, que también es elegante, decidido y bello de ver.

No es de extrañar que cuando RM Auctions ofreció un 250 GT TDF Berlinetta 1959 en Londres en 2008, su estimado estaba entre £1'800,000 y £2'200,000 pero las ofertas fueron aún más altas, alcanzando un precio final de £2'255,000.

VEGLIA
OLIO
BENZINA

País de origen:	Italia
Diseño de carrocería:	Scaglietti
Fecha de fabricación:	1956 - 1959
Potencia:	250bhp (186.4kw) @ 7000rpm
Torque máximo:	188 lb.ft (255Nm) @ 5500rpm
Velocidad máxima:	n.a.
0-60mph (0-97km/h):	n.a.
Transmisión:	Manual 4 velocidades
Motor:	2,953cc V12
Longitud:	4390mm (172.8 in.)
Ancho:	1650mm (65 in.)
Distancia entre ejes:	2600mm (102.4 in.)
Peso oficial:	11060kg (2337 lbs.)
Frenos:	Tambores
Suspensión:	Doble horquilla, muelles helicoidales, amortiguadores tipo palanca (F); Ejc diferencial, muelles helicoidales, amortiguadores tipo palanca (R)
Precio en subasta:	2008 US$ 3'476,719 (£2'255,000; €2'645,783)

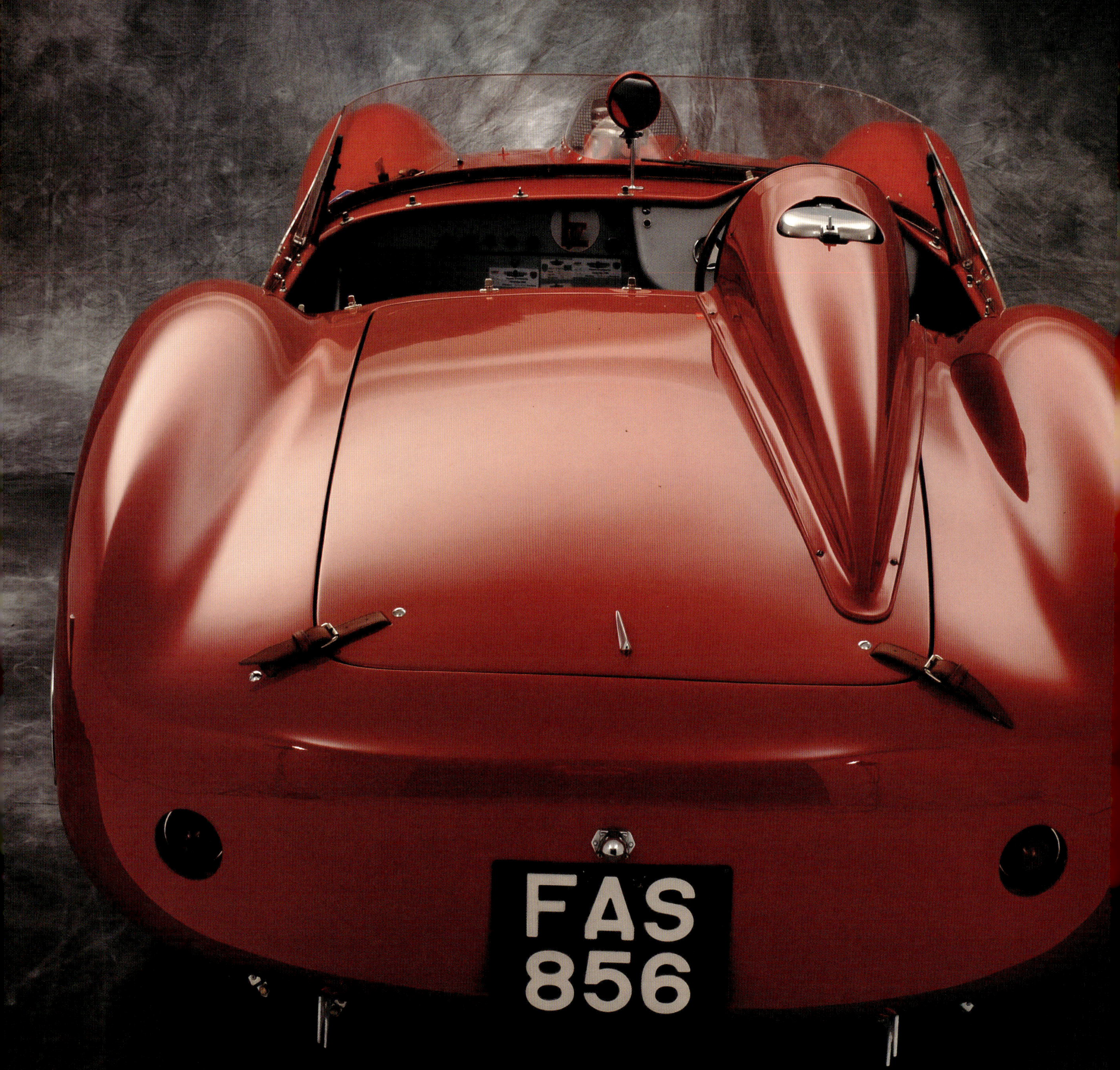
FAS
856

1959 FERRARI 246 S DINO

El hijo de Enzo Ferrari, Dino, murió de distrofia muscular a la temprana edad de 24 años, pero antes de su inoportuna muerte en 1957 había motivado a Vittorio Jano a crear un nuevo motor V6 para Ferrari. El motor fue lanzado al año siguiente, impulsando a los autos Ferrari F1 al éxito en el Campeonato de F1 y a Mike Hawthorn al Campeonato de Pilotos, y desde entonces llegó a ser conocido como el 'Dino'.

No pasó mucho tiempo antes de que Ferrari colocara el motor Dino en autos deportivos, primero un derivado de 2 litros al 196 S en 1958 y más tarde el mismo año una versión de 2.9 litros al 296 S. En ese momento se introdujo un nuevo sistema de nomenclatura, en donde los primeros dos dígitos denotaban la capacidad del motor y el tercero, el número de cilindros.

Para la temporada 1959, se construyeron tres carros Dino más, uno equipado con un motor más pequeño y designado 196 S y los otros dos – que corrieron como autos de la escudería Ferrari – tenían derivados de 2.4 litros y fueron llamados Ferrari 246 S Dino. Sus motores V6 eran unidades relativamente sencillas de aspiración natural con dobles árboles de levas que operaban dos válvulas por cilindro. El combustible se alimentaba a través de tres carburadores Weber. Estos autos también estaban equipados con sistemas más avanzados de suspensión totalmente independientes, con doble horquilla para remplazar el anterior eje diferencial trasero, lo que mejoró tanto el manejo como el agarre al camino. La aerodinámica carrocería de aluminio fue realizada por Fantuzzi y, aunque era más pequeña con una distancia entre ejes más corta, los carros se veían tan similares al anterior V12 250 Testa Rossa que la única forma de diferenciarlos era a través de la cubierta del motor de flexiglás y contar el número de trompetas de alimentación.

Los autos lograron sostenerse, y ganaron un segundo lugar en la Targa Florio de 1960 pero el diseño de los autos deportivos ya había progresado y competidores con motores medianos estaban demostrando ser más rápidos. Ferrari mismo recorrería este camino con el 246 SP de 1961, el primer auto deportivo de la compañía con el motor atrás.

De los dos autos 246 S, el número de chasis 0778 sufrió un incendio importante en los pits en Nürburgring en 1960 lo que dejó mucho de su carrocería de aluminio fundida y el chasis expuesto a los elementos. Sin embargo, fue reconstruido por Ferrari y vendido al equipo de carreras NART de Luigi Chinetti en los Estados Unidos, en donde entró en la carrera de las 12 Horas de Sebring piloteado por Jim Hall, quien llegaría a ser famoso con sus autos de carreras Chaparral.

El motor del auto fue luego cambiado a una unidad de 2 litros pero fue restaurado a su especificación original en 2006. Se cree que su valor actual sea al menos de US$ 3'000,000.

País de origen:	Italia	Longitud:	n.a.
Diseño de carrocería:	Fantuzzi	Ancho:	n.a.
Fecha de fabricación:	1959-60	Distancia entre ejes:	2160mm (85 in.)
Potencia:	240bhp (179kw) @ 7500rpm	Peso oficial:	680kg (1500 lbs.)
Torque máximo:	n.a.	Frenos:	Discos
Velocidad máxima:	n.a.	Suspensión:	Doble horquilla con muelles helicoidales y amortiguadores (F); doble horquilla con muelles helicoidales y amortiguadores (R)
0-60mph (0-97km/h):	n.a.		
Transmisión:	Manual 5 velocidades		
Motor:	2,417cc V6	Venta privada:	2008 US$ 3'000,000 (£1'945,800; €2'283,000)

10
Race Engineering
FAS 856

1960 ASTON MARTIN DB4 GT

La compañía británica Aston Martin fue comprada por el industrial Sir David Brown en 1947 quien proporcionó mucho dinero para desarrollar un nuevo auto de turismo y apoyar a un equipo de carreras. Los resultados fueron un modelo DB4 totalmente nuevo que fue develado en el Exposición de Autos de Londres de 1958, y los laureles de la victoria tanto en Le Mans como en el World Sports Car Championship en 1959.

El DB4 tenía un novedoso motor de seis cilindros en línea, de 3,670cc que producía 240bhp y generaba una velocidad máxima de unas 140mph (225km/h) junto con una aceleración de 0-60mph en cerca de nueve segundos. Tenía un chasis de chapa de acero sobre el que estaba montada una carrocería ligera (Superleggera) hecha por Touring de Milán, tan bien proporcionada que permaneció en producción hasta 1970, siendo aplicada con correcciones menores, a los subsecuentes modelos DB5 y DB6. Gracias principalmente a su estilo aerodinámico, elegante, poderoso y deportivo, el DB4 fue un éxito inmediato y empezó la transformación de la compañía que por muchos años había disfrutado el éxito en los deportes, pero cuyos autos de turismo no habían logrado impresionar al mundo.

Apenas un año después del lanzamiento del DB4, siguiendo las peticiones de los clientes a Aston Martin de una versión más ligera y poderosa, el DB4 GT hizo su primera aparición, conducido por Stirling Moss en Silverstone, donde tomó la *pole position*, logró la vuelta más rápida y obtuvo el primer lugar.

La transformación del desempeño se explica por una reducción en la longitud del DB4 GT de 127mm (5 in.), paneles de aluminio más delgados que los usados en los autos comunes y el uso de plexiglás en vez de vidrio en algunas ventanas. En total, se ahorraron 84kg (190 lbs.) de peso. Al mismo tiempo, el motor fue equipado con una cabeza de cilindro de doble bujía, mayor proporción de compresión, árboles de levas de mayor elevación y tres carburadores Weber de doble ahogador y corriente de aire lateral afinados para producir 302bhp. Adicionalmente, se le colocaron frenos de disco más grandes y efectivos, un diferencial de deslizamiento limitado y se mejoró en cuanto a aerodinámica mediante la adopción de capuchas de plexiglás sobre los faros.

Los resultados fueron extraordinarios: el DB4 GT aceleraba de 0-60mph en apenas una fracción arriba de los seis segundos y a 100mph en sólo un poco más que 14 segundos. Al mismo tiempo, la velocidad máxima se incrementó a 153mph (246km/h).

Sólo se produjeron 75 autos DB4 GT entre 1959 y 1963, y fueron vendidos en el Reino Unido en £4,534. Más recientemente, este emblemático auto deportivo británico fue valuado en más de un millón de dólares.

País de origen:	Reino Unido
Diseño de carrocería:	Touring
Fecha de fabricación:	1959-63
Potencia:	302bhp (183kw) @ 6000rpm
Torque máximo:	240 lb.ft (325Nm) @ 5000rpm
Velocidad máxima:	246km/h (153mph)
0-60mph (0-97km/h):	6.4 segs
Transmisión:	Manual 4 velocidades
Motor:	3,670cc seis cilindros en línea
Longitud:	4318mm (170 in.)
Ancho:	1676mm (66 in.)
Distancia entre ejes:	2362mm (93 in.)
Peso oficial:	1269kg (2791 lbs.)
Frenos:	Discos Girling
Suspensión:	Horquillas superior e inferior con amortiguadores telescópicos y barra estabilizadora (F); Eje diferencial hipoide sobre brazos oscilantes con enlace Watts transversal, muelles helicoidales y amortiguadores de brazo de palanca (R)
Precio en subasta:	2010 US$ 1'155,000 (£749,133; €878,955)

71
USA

1960 MASERATI TIPO 61 "BIRDCAGE"

El Maserati Tipo 61 – casi siempre conocido como "Birdcage" – fue uno de los grandes autos de carreras de los 1960s. Obtuvo su nombre de la altamente complicada construcción del marco tubular que consistía de unas 200 secciones diferentes de tubería de 10mm y 15mm que cuando se soldaban creaban una estructura ligera pero inmensamente rígida. Paneles de aluminio ligero para la carrocería eran montados en el marco y este diseño resultó en un peso total de sólo 600kg (1323 lbs.). Eso, junto con los 250bhp (186kw) producidos por su motor de cuatro cilindros en línea y doble árbol de levas, y el Tipo 61 fue un éxito instantáneo en las pistas, ganando mejor tiempo de salida en manos de Stirling Moss en la Copa Delamare-Deboutteville de 1959 en la reunión de ese año del GP en Rouen.

Desafortunadamente, ese éxito no se podría mantener en Europa porque aunque el Maserati Birdcage demostró ser extremadamente rápido, también sufría de muchos problemas de confiabilidad. Como resultado, aunque Stirling Moss y Dan Gurney ganaron la carrera de los 1000 km de Nürburgring de 1960, no logró ganar en el World Sports Car Championship ni tampoco en Le Mans. Sin embargo, en los Estados Unidos, el Birdcage tuvo más éxito en los Campeonatos SCCA de 1960 y 1961 conducido por Gus Audrey y Roger Penske.

Los autos Tipo 60 originales – de los cuales sólo se construyeron seis – habían sido impulsados por motores de 2 litros que producían 195bhp (145kw) pero una vez que demostró su potencial se le colocó un motor de 3 litros más potente. Aumentó un poco el peso total, pero su potencia de 250bhp lo compensaba de sobra. Curiosamente, ambos motores estaban colocados a un ángulo de 45 grados bajo el cofre para lograr el área frontal más pequeña posible y en consecuencia, un desempeño aerodinámico más eficiente.

La transmisión era una unidad Maserati de cinco velocidades standard aparejada con un diferencial ZF de deslizamiento limitado. La suspensión era más o menos convencional con muelles helicoidales y amortiguadores y horquillas en el frente, y un eje trasero De Dion con ballestas transversales y amortiguadores telescópicos. Frenos de disco Girling en las cuatro ruedas ofrecían un excelente desempeño en el frenado, lo que contribuía a los extraordinarios tiempos por vuelta del Maserati Birdcage.

A pesar de sus inconstantes éxitos en las pistas, el carro sigue siendo uno de los preferidos de siempre, en parte por su extrema rareza. Sólo se fabricaron 16 ejemplares del Tipo 61, más uno que fue mejorado de una especificación anterior Tipo 60. Su costo para los entusiastas de las carreras deportivas en 1960 era de unas £3,900, pero actualmente vale millones.

TREND
MICRO
CAMORADI
71

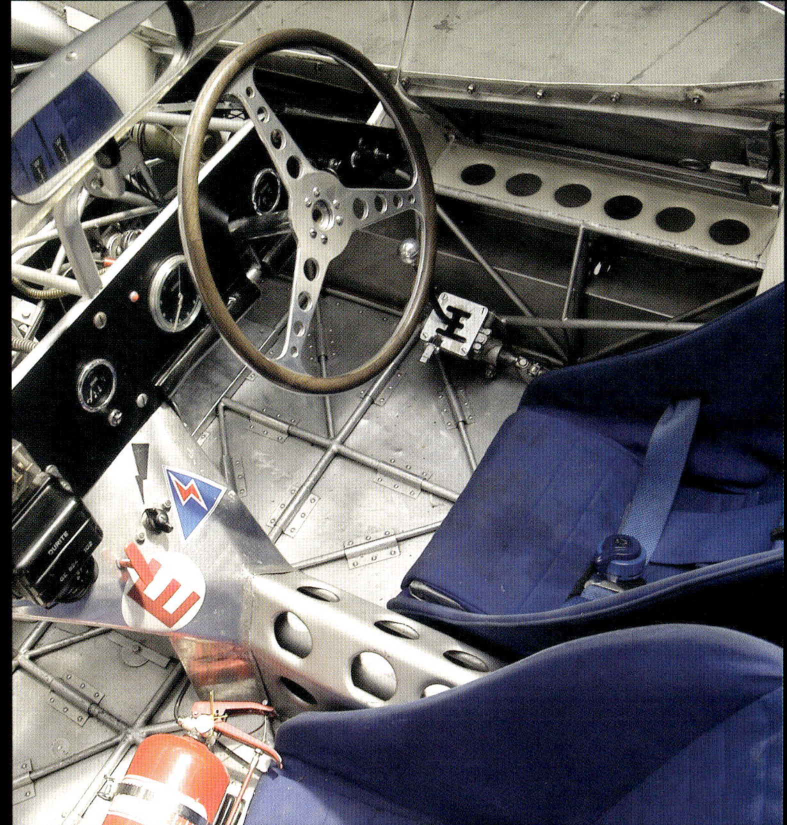

País de origen:	Italia
Diseño de carrocería:	Giulio Alfieri
Fecha de fabricación:	1959-1960
Potencia:	250bhp (186kw) @ 6800rpm
Torque máximo:	n.a.
Velocidad máxima:	285km/h (177mph)
0-60mph (0-97km/h):	n.a.
Transmisión:	Manual 5 velocidades
Motor:	2,996cc seis cilindros
Longitud:	3800mm (149.6 in.)
Ancho:	1500mm (59.1 in.)
Distancia entre ejes:	2200mm (86.6 in.)
Peso oficial:	600kg (1320 lbs.)
Frenos:	Tambores traseros y delanteros
Suspensión:	Independiente de horquillas de longitud desigual y amortiguadores de muelle en espiral (F); Eje De Dion con muelle transversal y barras radiales (R)
Valor en subasta:	US$ 2'640,000 (£1'712,304; €2'009,040)

1961 FERRARI 250 GT SWB BERLINETTA SEFAC HOT ROD

Ferrari había lanzado el 250 GT en 1954 como un auto de turismo de alta velocidad en el que caballeros corredores también pudieran competir a los más altos niveles, si decidieran hacerlo. El coupé con carrocería de Pininfarina no era solo rápido, también estaba diseñado con un estilo bellamente equilibrado. Sergio Pininfarina mismo describió al 250 HT como "el primero de tres saltos cuánticos en diseño con Ferrari". Pero no sólo era hermoso de ver: también se desempeñaba maravillosamente y obtuvo numerosos premios los siguientes años.

Para la temporada 1959 se introdujo una carrocería ligera, diseñada por Pininfarina pero construida por Scaglietti y esto se vio promisorio en las 24 Horas de Le Mans, entrando en cuarto y sexto lugares. Ferrari luego decidió que una distancia entre ejes más corta haría al auto más competitivo y la redujo a 94.5 pulgadas (2400mm) para crear el 250 GT SWB Berlinetta.

Se construyeron alrededor de 200 de estos corredores de distancia entre ejes corta, los que conducidos por pilotos amateur o profesional, cosecharon un número impresionante de triunfos en el mundo.

Para 1961 Ferrari estaba enfrentando mayor competencia de Jaguar, Aston Martin y Porsche por lo que Enzo Ferrari decidió volver a subir la marca, reduciendo el peso y mejorando la potencia del 250 GT SWB en una producción limitada de 20 autos de competencia oficialmente designados Comp/61. En ese entonces, Ferrari había establecido un departamento de competencia con el industrial francés Michel Cavallier llamada Societa Esercizio Fabbriche Automobili e Corse y muy pronto, estos últimos corredores llegaron a ser conocidos como los SEFAC Hot Rods, como resultado de su peso ultra ligero, alta potencia y suspensión afinada.

Cabezas de cilindro Testa Rossa con válvulas más granes, árboles de levas de alta elevación, una mayor proporción de compresión y un sistema de escape revisado elevaron la potencia a 280bhp a 7,000rpm. Este motor revisado fue montado en un chasis más ligero y rígido que ofrecía una combinación de recia confiablidad, manejo soberbio y un maravilloso equilibrio.

No es de extrañar que el nuevo auto dominara en toda forma de carrera durante la temporada 1961, llevándose primer lugar en su clase en Le Mans y victorias rotundas en la Targa Florio y el RAC Tourist Trophy. Superó a todos sus rivales internacionales a pesar de que una de sus limitaciones era una pobre aerodinámica. Esto fue algo que Ferrari corrigió en el modelo que finalmente sobrepasó al 250 GT SWB –el seminal Ferrari 250 GTO en 1962.

Mientras tanto, el 250 GT SWB Berlinetta SEFAC Hot Rod sigue siendo un auto altamente deseable y escaso para coleccionistas, como se comprobó a finales de 2010 cuando un fino ejemplar alcanzó US$ 6'105,000 en una subasta.

País de origen:	Italia
Diseño de carrocería:	Pininfarina
Fecha de fabricación:	1961-63
Potencia:	280bhp (209kw) @ 7000rpm
Torque máximo:	195 lb.ft (264Nm) @ 5000rpm
Velocidad máxima:	257km/h (160mph)
0-60mph (0-97km/h):	5.0 segs
Transmisión:	Manual 4 velocidades
Motor:	2,953cc V12
Longitud:	4430mm (174.4 in.)
Ancho:	1980mm (78 in.)
Distancia entre ejes:	2400mm (94.5 in.)
Peso oficial:	1025kg (2255 lbs.)
Frenos:	Discos
Suspensión:	Doble horquilla, muelles helicoidales, amortiguadores telescópicos (F); Eje diferencial, ballestas semi elípticas, brazos paralelos, amortiguadores telescópicos (R)
Precio en subasta:	2010 US$ 6,105,000 (£3,959,703; €4,645,905)

1962 ASTON MARTIN DB4 ZAGATO

A pesar de ser más corto y ligero que el Aston Martin DB4 standard, el DB4 GT seguía siendo demasiado pesado para competir en los mismos términos en las pistas contra el Ferrari 250 SWB Berlinetta. Como resultado, se firmó un acuerdo para que un chasis Aston Martin semi completo fuera enviado a los talleres de Zagato en Milán, Italia para que le colocaran un nueva carrocería ligera.

Allí, Ercole Spada creó una de las carrocerías más bellas que se hubieran visto a la fecha, una que no solo era elegante y fluida, sino que – crucialmente – era unos 45kg (99 lbs.) más ligera que las de los GTs. Esto lo logró cambiando componentes de acero por aluminio más ligero en donde fuera posible, eliminando partes no esenciales como las defensas, quitando elementos del interior y haciendo mayor uso de plexiglás en vez de vidrio.

En términos de diseño, el Spada retuvo mucho de la silueta básica de la carrocería del turismo DB4 GT y también conservó la forma tradicional de la parrilla de Aston Martin. También bajó el frente del cofre, tanto que se tuvieron que introducir abombamientos en la parte superior para dar espacio a las cubiertas de las válvulas. En la parte trasera, la cajuela apenas tenía espacio suficiente para la llanta de refacción y un gran tanque de gasolina.

Bajo el cofre estaba una versión mejorada de la unidad de potencia del DB4 GT que producía 314bhp a 6,000rpm, suficiente para impulsar el Zagato de 0-60mph en 6.1 segundos, y a una velocidad máxima de 153mph (246 km/h).

El DB4 GT Zagato fue inicialmente revelado en la Exposición de Autos de Londres de 1960 y de inmediato hizo su marca, siendo corrido en su primera salida por Stirling Moss en el encuentro Este en Goodwood en 1961, donde quedó en tercer lugar. Más tarde en la temporada el Zagato tuvo su primera victoria en la carrera de apoyo Grand Prix de Silverstone. Los Zagatos también compitieron en las 24 Horas de Le Mans en 1961, '62 y '63.

Cuando fue lanzado en 1960, un DB4 Zagato costaba £5,470 y la compañía luchó para vender los 25 ejemplares originalmente planeados. Por esa razón, sólo se construyeron 19 autos antes de que la producción cesara en 1963. Dos autos "Sanction" más fueron construidos en 2000 usando carrocerías incompletas que Zagato había dejado. Estos clásicos modernos son muy deseables para los coleccionistas – de allí que en 2005 un 1961 DB4 GT Zagato no se haya vendido en subasta a pesar de una oferta de US$ 2'450,000.

País de origen:	Reino Unido
Diseño de carrocería:	Ercole Spada
Fecha de fabricación:	1960-63
Potencia:	314bhp (234kw) @ 6000rpm
Torque máximo:	278 lb.ft (377Nm) @ 5400rpm
Velocidad máxima:	246km/h (153mph)
0-60mph (0-97km/h):	6.1 segs
Transmisión:	Manual 4 velocidades
Motor:	3,670cc seis cilindros en línea
Longitud:	4267mm (168 in.)
Ancho:	1557mm (61.3 in.)
Distancia entre ejes:	2362mm (93 in.)
Peso oficial:	1225kg (2695 lbs.)
Frenos:	Discos Girling
Suspensión:	Horquillas superior e inferior con amortiguadores telescópicos y barra estabilizadora (F); Eje diferencial hipoide sobre brazos oscilantes con enlace Watts transversal, muelles helicoidales y amortiguadores de brazo de palanca (R)
Valor estimado:	US$ 2.5-3millones (£1.61-1.94 millones; €1.89-2.27 millones)

1962 FERRARI 250 GT CALIFORNIA SPYDER SWB

Ferrari comisionó a Pininfarina para que diseñara una versión cabriolet del 250 GT revisado, que se lanzó en 1956. La obra de Pininfarina fue mostrada inicialmente en la Exposición de Autos de Ginebra de 1957 y ese carro fue usado extensamente por el piloto de F1 Peter Collins, quien hizo quitar los frenos de disco y los remplazó con discos Dunlop – lo que lo hizo el primer Ferrari con estos discos.

Pero a pesar de los esfuerzos de Collins, el cabriolet Pininfarina no tenía pretensiones reales de ser un auto de competencias. Su carrocería de acero era demasiado pesada y sus acabados de lujo no eran lo que se esperaba en un carro de carreras.

En los Estados Unidos, los importadores John von Neumann y Luigi Chinetti lograron persuadir a Ferrari de que había mercado para justo esa clase de auto: un convertible que pudiera ser tomado en serio en las carreras. Por ese motivo, Ferrari produjo una versión más esbelta y sencilla del más potente 250 GT Tour de France y Unidos a finales de 1957 empezaron las ventas en los Estados del nuevo 250 GT California Spyder. Aunque se veía muy similar al cabriolet Pininfarina, la carrocería era de hecho obra de Scaglietti porque Pininfarina estaba trabajando al máximo produciendo las carrocerías cabriolet. Todas las carrocerías California eran muy similares, pero los propietarios podían elegir si deseaban faros abiertos o cubiertos.

En verdad, tampoco ese auto era enteramente adecuado para las pistas de carreras, principalmente por su alargada distancia entre ejes y peso total. Pero en 1960 se introdujo un California Spyder revisado con un motor más potente, frenos y suspensión mejorados, y lo más importante, una distancia entre ejes más corta que fue posible porque Ferrari había creado un chasis nuevo y más corto para el 250 GT Berlinetta. Con el nuevo chasis reducido de una distancia entre ejes de 2600mm a 2400mm, no sólo se mejoró el manejo del carro, sino que también se redujo su peso total.

La potencia subió de 240bhp a 280bhp, gracias a la cabeza de cilindro revisada que incorporaba 12 puertos de entrada separados, mientras el embrague fue mejorado a especificaciones de carreras, los frenos de disco eran para ahora standard y la suspensión había sido robustecida con amortiguadores telescópicos en lugar de los anteriores de palanca.

El resultado fue no sólo un auto muy rápido, sino también uno de los Ferrari más bellos de todos los tiempos. Los 57 SWB California Spyders fueron construidos entre 1960 y 1963 y ahora se han convertido en unos de los Ferraris más preciados. Cuando se puso en subasta el 250 GT SWB California Spyder del actor de Hollywood James Coburn en 2008, se fue por más de €7 millones – en el momento, el precio más alto jamás pagado por un carro en una subasta.

CLUB ITALIA
30976V·MI

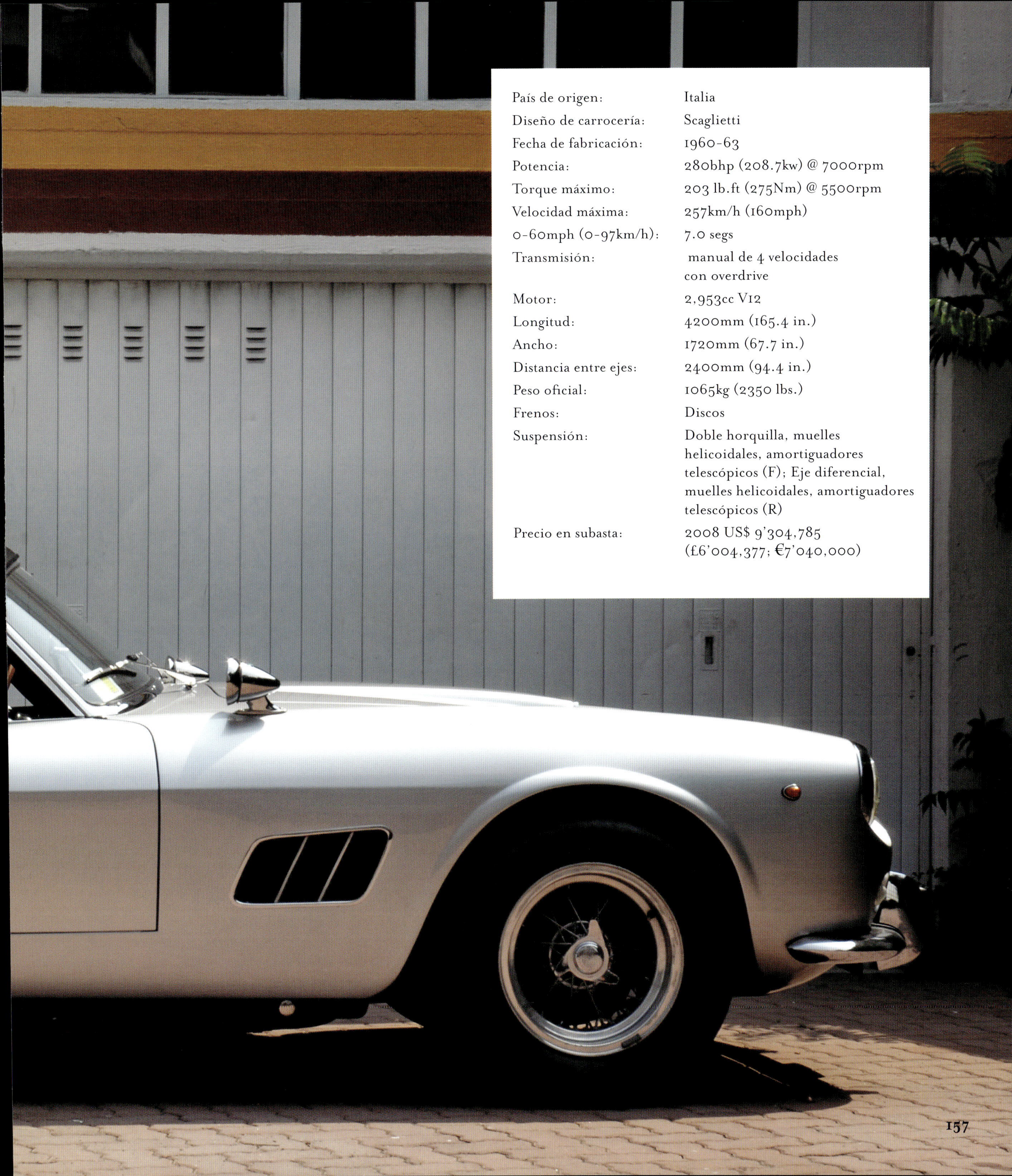

País de origen:	Italia
Diseño de carrocería:	Scaglietti
Fecha de fabricación:	1960-63
Potencia:	280bhp (208.7kw) @ 7000rpm
Torque máximo:	203 lb.ft (275Nm) @ 5500rpm
Velocidad máxima:	257km/h (160mph)
0-60mph (0-97km/h):	7.0 segs
Transmisión:	manual de 4 velocidades con overdrive
Motor:	2,953cc V12
Longitud:	4200mm (165.4 in.)
Ancho:	1720mm (67.7 in.)
Distancia entre ejes:	2400mm (94.4 in.)
Peso oficial:	1065kg (2350 lbs.)
Frenos:	Discos
Suspensión:	Doble horquilla, muelles helicoidales, amortiguadores telescópicos (F); Eje diferencial, muelles helicoidales, amortiguadores telescópicos (R)
Precio en subasta:	2008 US$ 9'304,785 (£6'004,377; €7'040,000)

1962 FERRARI 330 TRI/LM TESTA ROSSA

Todos los Ferraris con historia en competencias son especiales, pero el Ferrari 330 TRI LM es único: es el único Testa Rossa de 4 litros jamás construido, fue el último de la primera serie Testa Rossa, fue el último carro deportivo de carreras con motor al frente construido por Ferrari y fue el último auto con motor al frente en ganar en Le Mans.

Para la carrera Le Mans de 1962, los organizadores cambiaron las clasificaciones para introducir una nueva clase de 4 litros y Enzo Ferrari vio esto como una oportunidad para desarrollar la línea Testa Rossa aún más. El V12 4 litros de Ferrari Superamerica fue calzado en un chasis alargado y, con tres carburadores Weber dobles, produjo inicialmente 360bhp. Pero antes de ser llevado a Le Mans, las cabezas de cilindro del Testa Rossa con puertos de entrada individuales para cada uno de los 12 cilindros, y seis carburadores Weber dobles fueron suficientes para elevar la potencia a unos 390bhp.

La suspensión era similar a la de anteriores Testa Rossas, con doble horquilla, muelles helicoidales y amortiguadores telescópicos adelante y atrás. La carrocería fue obra de Fantuzzi quien evolucionó la silueta familiar del GTO para incorporar una nariz baja con aperturas dobles y una cola Kamm alta, agudamente recortada para reducir el arrastre e incrementar la velocidad máxima. También tenía un aerofoil bajo la cabina que mejoraba la estabilidad a alta velocidad y también funcionaba como barra estabilizadora. La caja de cinco velocidades fue fortalecida y se desarrollaron más los frenos de disco Dunlop para mejorar el poder de frenado. De hecho su única debilidad era el embrague, como lo descubrieron los pilotos Phil Hill y Olivier Gendebien – quienes habían ganado en Le Mans el año anterior en el 250 TRI – que para evitar que el embrague resbalara, tenían que cambiar antes de lo que les hubiera gustado.

A pesar de este problema ellos ganaron, llevándose el primer lugar cinco vueltas antes que el segundo lugar de un Ferrari 250 GTO. Tras esta famosa victoria el auto fue vendido al importador de Ferrari en los Estados Unidos, Luigi Chinetti, cuyo equipo de carreras NART siguió corriéndolo hasta que sufrió daños en un severo accidente en Le Mans en 1963

Después de esto Chinetti le ordenó a Fantuzzi una carrocería Spyder abierta y una carrocería coupé más original. El valor de este carro verdaderamente único ha continuado subiendo inevitablemente y en 2007 se vendió en €6'875,000 en la subasta RM Leggenda e Passione en Maranello, hogar de Ferrari.

País de origen:	Italia
Diseño de carrocería:	Fantuzzi
Fecha de fabricación:	1962
Potencia:	390bhp (291kw) @ 7500rpm
Torque máximo:	n.a.
Velocidad máxima:	n.a.
0-60mph (0-97km/h):	n.a.
Transmisión:	Manual 5 velocidades
Motor:	3,967cc V12
Longitud:	4520mm (178 in.)
Ancho:	1590mm (62.6 in.)
Distancia entre ejes:	2420mm (95.3 in.)
Peso oficial:	820kg (1808 lbs.)
Frenos:	Tambores traseros y delanteros
Suspensión:	Doble horquilla con muelles helicoidales y amortiguadores (F); Doble horquilla con muelles helicoidales y amortiguadores (R)
Precio en subasta:	2007 US$ 9'086,704 (£5'863,650; €6'875,000)

PIT

1963 FERRARI 250 GTO

El legendario Ferrari GTO fue significativo no solo porque fue uno de los últimos autos con motor al frente en ganar en importantes eventos internacionales de carros GT y deportivos; también porque fue una de las primeras investigaciones serias de Ferrari en el arte de la aerodinámica. Con el GTO, se dio cuenta de que estaba obteniendo menos por sus esfuerzos de extraer potencia extra de sus motores V12, y que con medidas relativamente sencillas, como bajar la nariz, minimizar el arrastre de enfriamiento y adoptar una cola Kamm recortada ayudaba a hacer el auto más aerodinámico, lo que resultaba en una mayor velocidad máxima y mejor aceleración.

La FIA introdujo lo que en efecto fue un nuevo Campeonato Mundial para Autos Deportivos en 1962, y para competir – y ganar – en él, Ferrari desarrolló el nuevo 250 GTO. El punto de inicio fue el chasis 250GT SWB, aunque considerablemente revisado para el GTO. Debajo del bajo cofre frontal estaba el motor V12 de 2,953cc Testa Rossa con cárter y seis carburadores que ya habían sido homologados para el 250 GT SWB, por lo que Ferrari sostenía que el nuevo auto, al ser de hecho un desarrollo del anterior 250 GT estaba exento del requerimiento de construir 100 ejemplares para propósitos de homologación. Notablemente, los inspectores de la FIA accedieron, por lo que el 250 GT se convirtió en 250 GTO (por "omologato").

El auto fue un éxito instantáneo, ganando primera salida en Sebring en 1962, manejado por Phil Hill y Olivier Gendebien. Las victorias continuaron llegando, tanto que el 250 GTO ganó tres campeonatos consecutivos, más triunfos de clase en Le Mans y se estableció como uno de los autos de carreras más importantes de su generación.

No pasó mucho tiempo antes de que los autos con motores medios dejaran al 250 GTO, para todos sentidos y propósitos, obsoleto como carro de carreras. Sin embargo, los 39 ejemplares que fueron construidos siguen estando a la fecha entre los autos más deseados y valiosos de todos los tiempos. Se rumora que en el momento más alto del mercado, uno cambió de manos por US$ 30'000,000 y más recientemente, se entiende que RM Auctions concluyó un trato privado aparentemente en US$ 18'000,000 al presentador inglés Chris Evans, por el número de chasis 4675GT, un auto que había estado en posesión de un coleccionista japonés desde mediados de los 1990s.

País de origen:	Italia
Diseño de carrocería:	Scaglietti
Fecha de fabricación:	1962-1964
Potencia:	280bhp (208.8kw) @ 7500rpm
Torque máximo:	(217 lb.ft.) (294Nm) @ 5500rpm
Velocidad máxima:	282km/h (175mph)
0-60mph (0-97km/h):	6.1 segs
Transmisión:	Manual 5 velocidades
Motor:	2,953cc V12
Longitud:	4400mm (173.2 in.)
Ancho:	675mm (65.9 in.)
Distancia entre ejes:	2400mm (94.5 in.)
Peso oficial:	1088kg (2400 lbs.)
Frenos:	Tambores traseros y delanteros
Suspensión:	Doble horquilla con muelles helicoidales y amortiguadores telescópicos (F); Eje diferencial con ballestas semi elípticas, brazos paralelos y amortiguadores telescópicos (R)
Venta privada:	2010 US$ 18'000,000 (£11'615,400; €13'618,800)

7
PIT
1

1963 SHELBY DAYTONA COUPÉ

El Cobra Roadster de Carroll Shelby fue uno de los grandes éxitos en las carreras de autos deportivos en los Estados Unidos durante la temporada 1963. El auto se basaba más o menos en el chasis ingles AC Ace, en el que Shelby había calzado un Ford V8 de 221 pulgadas cúbicas en 1962. Tras desarrollos posteriores, un motor Ford Fairlane de 260 pulgadas cúbicas quedó disponible y nació el AC Cobra, y ese año se construyeron los primeros 100 ejemplares para permitir que Cobra entrara en la clase de producción del SCCA.

El nuevo roadster demostró ser a la vez rápido y ágil desde su primera carrera y se hizo aún más rápido cuando adoptó un Ford V8 de 289 pulgadas cúbicas Pero aún quedaban más desarrollos por hacer; mientras el roadster estaba ganando en las pistas cortas de Estados Unidos, su aerodinámica trabajaba en contra de él en los eventos de velocidades más altas que constituían el Campeonato Mundial GT de la FIA. Así que Shelby fue persuadido a fabricar una carrocería a la medida, con cabina cerrada, que en las pruebas demostró ser unas 20mph (32km/h) más rápida que el roadster.

La primera salida del nuevo Cobra Coupé fue en la Daytona International de 1964. Corrió con fuerza hasta que un incendio en los pits puso fin a su carrera, pero después de eso fue conocido como el Cobra Daytona Coupé. Poco después, llegó cuarto en la Clase GT en la carrera 12 Horas de Sebring y eso fue suficiente para que Ford le ofreciera su respaldo total para hacer un intento en la prestigiosa carrera 24 Horas de Le Mans.

Un nuevo chasis – CSX2299 – fue enviado a Italia para colocarle una nueva carrocería comisionada a la compañía italiana Gransport. Ese año en Le Mans, conducido por Dan Gurney y Bob Bondurant, ganó en la Clase GT y llegó en cuarto lugar total. Importante para Ford, que había tratado de comprar Ferrari pero que había sido rechazado y cuyo proyecto GT40 todavía no estaba listo, el Shelby Daytona aplastó a los Ferraris en Le Mans. Otros éxitos llegaron en Goodwood, y al año siguiente, en Daytona, Sebring, la Nürburgring y Reims. Durante 1964 y 65 Gransport completó cuatro nuevos autos para llevar la producción total de Daytona Coupé a seis.

Ya que el Daytona Coupé es un auto de carreras americano tan emblemático y que sólo se hicieron seis en total, sus precios actuales son inevitablemente altos. El chasis CSX2300 fue vendido en US$ 4'000,000 en 2000; el chasis CSX2601 en US$ 7'250,000 en 2009, y si se fuera a vender el chasis CSX2299, supuestamente más importante, se estima que llegaría a los US$ 8'000,000.

13
USA

13

País de origen:	Reino Unido/ Estados Unidos
Diseño de carrocería:	Gransport
Fecha de fabricación:	1964-65
Potencia:	380bhp (283kw) @ 7000rpm
Torque máximo:	340 lb.ft (461Nm) @ 4000rpm
Velocidad máxima:	307km/h (191mph)
0-60mph (0-97km/h):	4.0 segs
Transmisión:	Manual 4 velocidades
Motor:	4,727cc V8
Longitud:	4150mm (163.4 in.)
Ancho:	1720mm (67.7 in.)
Distancia entre ejes:	2290mm (90.2 in.)
Peso oficial:	1043kg (2299 lbs.)
Frenos:	Discos
Suspensión:	Horquillas bajas con ballestas transversales y amortiguadores (F); Horquillas bajas con ballestas transversales y amortiguadores (R)
Valor estimado:	US$ 8'000,000 (£5'162,400; €6'052,800)

1964 ASTON MARTIN DB5

En los libros de Ian Fleming, James Bond normalmente conducía un Bentley de 4½ litros color metálico 1930 equipado con un supercargador Villiers. Sin embargo en las películas, el espía con licencia para matar ha sido visto en un Lotus, un Citroën 2CV, varios BMW y más recientemente, en un Aston Martin V12 Vanquish y un Aston Martin DBS V12.

Pero quizá el más famoso auto Bond de todos sea otro Aston Martin – el DB5 que Sean Connery condujo primero en Goldfinger y luego en Thunderball. De hecho, cuatro autos fueron usados para la película y la promoción y uno de los que salieron en la película fue robado y se cree que fue destruido. Los autos que quedan – y más especialmente él único que fue realmente usado en las películas – ahora valen millones. Hasta los autos standard de turismo – que costaban £4175 en 1963 – ahora alcanzan £350,000 en subasta.

El Aston Martin DB5 se ve muy similar a su predecesor, el DB4, y sólo se hicieron un poco más de 1,000 ejemplares durante los dos años de su ciclo de producción, de 1963 a 1965.

Su motor de 3,995cc con seis cilindros en línea producía 282bhp (210kw) a 5,500rpm y 288 lb.ft. (380Nm) de torque a 4,500rpm, dando una velocidad máxima de 145mph (233km/h) y 0-60mph (0-97km/h) de aceleración en 7.1 segundos. En 1964, fue presentado un modelo Vantage más rápido con la potencia incrementada a 325bhp (242kw) a 5,500rpm.

La elegante carrocería se podía especificar en formato de berlina o convertible, y sólo se hicieron 12 Shooting Breaks ultra especiales. Aunque los autos fueron construidos en el Reino Unido, las carrocerías fueron hechas bajo licencia de Touring de Italia cuyo método de construcción "Superleggera" (súper ligera) consistía de una ligera estructura tubular sobre la cual se colocaban paneles de aluminio ligero.

Bajo medidas actuales, el desempeño era ciertamente bueno. Pero lo que hacía al DB5 muy especial era su exclusiva especificación que incluía metralletas, un escudo trasero anti balas, una porta placa giratorio, un dispositivo de rastreo, un tirador de aceite, pantalla de humo y hasta un asiento eyector.

Las pistolas y el asiento eyector posiblemente no sean reales, pero el James Bond DB5 ciertamente lo es.

País de origen:	Reino Unido
Diseño de carrocería:	Aston Martin
Fecha de fabricación:	1963-1965
Potencia:	282bhp (210kw) @ 5500rpm
Torque máximo:	288 lb.ft (390Nm) @ 2350rpm
Velocidad máxima:	233km/h (145mph)
0-60mph (0-97km/h):	7.1 segs
Transmisión:	Manual 5 velocidades
Motor:	3,995cc seis cilindros en línea
Longitud:	4572mm (180 in.)
Ancho:	1676mm (66 in.)
Distancia entre ejes:	2489mm (98 in.)
Peso oficial:	1468kg (3229 lbs.)
Frenos:	Discos asistidos Girling Twin Servo
Suspensión:	Muelles helicoidales independientes, horquillas superior e inferior, amortiguadores telescópicos (F); Live Eje hipoideo sobre brazos oscilantes paralelos, articulaciones Watts, muelles helicoidales con amortiguadores Armstrong de doble acción y brazo de palanca (R)
Precio en subasta:	2010 US$ 4'512,630 (£2'912,000; €3'414,256)

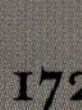

73

1964 FORD GT40 PROTOTIPO

El legendario Ford GT40 debe su existencia a un trato de negocios que salió mal. A principios de los 1960s el gigante automotriz americano inició negociaciones para comprar el 90% de las acciones del fabricante de súper carros italianos Ferrari. Se acordó un precio más o menos de US$ 10'000,000 pero el punto insuperable fue el futuro de Ferrari en las carreras. En la forma como estaba estructurado el negocio, le habría dado a Ford 10% de la división de carreras de Ferrari, pero Enzo Ferrari estaba determinado a retener control absoluto en cuanto a cuándo y dónde competiría Ferrari.

Cuando el negocio se deshizo – debido a lo que el Presidente de Ford, Henry Ford II, vio como una intransigencia de Enzo Ferrari – le ordenó a la División de Vehículos Avanzados de Ford que se pusieran a trabajar inmediatamente para producir un auto que humillara a Ferrari en donde más le dolía – en las pistas de carreras de Le Mans y otras pistas de carreras GT de larga distancia.

Naturalmente, en abril de1964 un nuevo competidor, de baja altura, bellamente proporcionado y decidido, fue revelado: el GT40. Se basaba en el Lola GT que ya había estado en desarrollo y tenía buen aspecto, pero por desgracia no era competitivo.

Para la temporada 1965, el desarrollo fue encargado a Carroll Shelby quien hizo su magia en el GT40, manteniendo la estructura monocasco pero utilizando el ultra confiable Ford V8 de 289 pulgadas cúbicas que había dado tan buen servicio en el Shelby Cobra de competencias. El auto terminó primero en salida cuando Ken Miles y Lloyd Ruby ganaron la carrera en la apertura de la temporada en Daytona a una asombrosa velocidad promedio de 99.9mph (160.7km/h). Aun mejor para Ford, los cinco primeros finalistas fueron dos GT40s y tres Shelby Daytona Coupés con motores Ford, mientras ninguno de los tres Ferraris logró terminar la carrera.

El siguiente año, Ford completó su tarea de humillar a Ferrari cuando GT40s llegaron en primero, segundo y tercer lugar en Le Mans. Un GT40 volvió a ganar en 1967 tras lo cual los carros corrieron bajo patrocinio de Gulf y volvieron a ganar en Le Mans tanto en 1968 como en 1969.

El GT40 (llamado así porque es un Grand Turismo y tiene solo 40 pulgadas de altura) desde entonces se ha convertido en un modelo realmente emblemático.

Cada GT40 es especial pero el Prototipo que ganó la primerísima carrera del auto en Daytona destaca entre todos.

FORD G.T.
SIDE
HEAD
PASS
STOP
OVERRIDE
DIP
FLASHER
PUMP
PUMP
IGN
HORN
ABARTH
RPM

País de origen:	Estados Unidos
Diseño de carrocería:	Ford
Fecha de fabricación:	1964-66
Potencia:	350bhp (268kw) @ 7,200rpm
Torque máximo:	290 lb.ft (393Nm) @ 5,600rpm
Velocidad máxima:	264km/h (164mph)
0-60mph (0-97km/h):	5.3 segs
Transmisión:	Manual 5 velocidades
Motor:	255 in. cu. (4,184cc) V8
Longitud:	4028mm (159 in.)
Ancho:	1778mm (70 in.)
Distancia entre ejes:	2421mm (95 in.)
Peso oficial:	862kg (1,900 lbs.)
Frenos:	Discos ventilados
Suspensión:	Doble horquilla con barra estabilizadora y muelles helicoidales y amortiguadores (F); Dobles brazos oscilantes, enlace superior transversal y horquilla inferior con muelles helicoidales y amortiguadores (R)
Precio en subasta:	2005 US$ 2'502,500 (£1'614,863; €1'893,391)

1964 SHELBY COBRA TEAM CSX 2431

AC Cars, establecida en Kingston-upon-Thames al suroeste de Londres, era uno de los muchos fabricantes independientes de carros ingleses, pero para principios de los 1960s estaba produciendo no más de un puñado de AC Ace roadsters y AC Aceca coupés con motores Bristol. En ese momento ofrecían un buen desempeño, con una velocidad máxima de 117mph (188km/h) y aceleración de 0-60mph en unos 7.4 segundos.

El ex corredor de autos americano Carroll Shelby reconoció que el chasis tenía mucho más potencial y se acercó a AC con una propuesta para colocar un motor V8 de 221 pulgadas cúbicas y una transmisión Ford al Ace y vender el auto en volúmenes mucho más grandes en los Estados Unidos. Los primeros dos motores fueron debidamente enviados a Inglaterra en 1961 y colocados junto con una caja de velocidades Borg-Warner que fue conectada a un diferencial trasero inglés Salisbury.

Se necesitó cierto trabajo de desarrollo debido a la ampliamente incrementada potencia del Ford V8, pero en general la adaptación fue muy suave, tanto que de hecho Ford luego lo puso a disposición en sus V8s más grandes de 260 pulgadas cúbicas y hasta 289 pulgadas cúbicas que también fueron instalados con pocos problemas.

El resultado fue un auto fabulosamente rápido y ágil que no sólo era estupendo como turismo, sino que también se probó a sí mismo inmediatamente en las pistas de carreras. Dos autos entraron en las 24 Horas de Le Mans de 1963; el de Shelby se retiró por problemas mecánicos, mientras el auto de la fábrica AC completó la distancia y terminó en un honroso séptimo lugar tras alcanzar una máxima velocidad de 161mph (259km/h).

Los siguientes años, 1964 y 1965, el piloto del equipo americano de Shelby, Ken Miles, no sólo produjo impresionantes resultados en las carreas, sino que también trabajó con Shelby, usando el chasis CSX 2431 para probar y desarrollar los autos de carreras del equipo de Shelby incluyendo el Daytona Coupé. Entre las modificaciones introducidas primero en el auto fue el carburador Weber side-draft y múltiples cambios en el diseño que agregaron 75bhp más al ya poderoso desempeño del V8 de 289 pulgadas cúbicas

Un orgulloso ciudadano inglés, Ken Miles siempre condujo con logotipos del BRDC (British Racing Drivers' Club) prominentemente desplegados en las puertas de su auto.

Los primeros Shelby Cobras están entre los autos deportivos de su era más buscados, y varios de ellos han cambiado de manos en años recientes por precios entre uno y dos millones de dólares. Pero si este chasis CSX 2431 fuera a ponerse en venta, su valor sería mucho más alto, porque se cree que es el Cobra con la más importante historia en las carreras. Su valor estimado está alrededor de los US$ 2'500,000.

98

País de origen:	Reino Unido/ Estados Unidos
Diseño de carrocería:	AC Cars
Fecha de fabricación:	1964-65
Potencia:	271bhp (199.5kw) @ 5750rpm
Torque máximo:	312 lb.ft (423Nm) @ 4500rpm
Velocidad máxima:	217km/h (135mph)
0-60mph (0-97km/h):	5.0 segs
Transmisión:	Manual 4 velocidades
Motor:	4,727cc (289 cu. in.) V8
Longitud:	3960mm (156 in.)
Ancho:	1720mm (67.7 in.)
Distancia entre ejes:	2290mm (90.2 in.)
Peso oficial:	1045kg (2300 lbs.)
Frenos:	Discos
Suspensión:	Horquillas bajas con ballestas transversales y amortiguadores (F); Horquillas bajas con ballestas transversales y amortiguadores (R)
Valor estimado:	US$ 2'500,000 (£1'613,250; €1'891,500)

Castrol

1966 FERRARI 250 LM

Enzo Ferrari tenía una reputación de tratar de estirar las reglas si eso le daba a sus autos una ventaja competitiva, pero sus esfuerzos por convencer a las autoridades con el modelo 250 LM a principios de los 1960s fueron demasiado lejos.

En ese momento, para correr en el Campeonato GT de la FIA, se debían construir un mínimo de 100 ejemplares de producción. Enzo Ferrari logró zafarse de esto con el 250 GTO en 1962 que fue homologado aunque sólo se fabricaron 39 de ellos, pues Ferrari argumentó con éxito que sólo era una versión del 250 GT SWB con cuerpo nuevo.

Luego prosiguió a construir en 250 LM, un auto fabuloso supuestamente destinado tanto como turismo y de carreras, y que sería el primer turismo de motor medio de Ferrari. Para 1964, habiendo construido sólo unos cuantos, Ferrari alegó que debía ser homologado bajo el argumento de que era un desarrollo posterior del 250 GTO. Esta vez, sin embargo, las autoridades se mostraron comprensivamente reticentes e insistieron en que mover el motor del frente a la mitad constituía mucho más que una evolución.

Como resultado, el 250 LM tuvo que entrar en la clase Prototipo y no en la GT pero probó su valía, si bien con un poco de suerte en su camino. En el papel, el 250 LM fue desbancado de su clase por el nuevo Ford GT40 pero en la carrera de Le Mans de 1965, fue un Ferrari 250 LM promovido por el equipo NART de Luigi Chinetti el que ganó la carrera, conducido por Jochen Rindt y Masten Gregory. Ese año, todos los GT40s se retiraron, al igual que los Ferraris de la escudería, pero eso no hizo la victoria del 250 LM nada menos oportuna.

El 250 LM fue inicialmente revelado en la Exposición de Autos de París de 1963, y ese auto tenía un 2,933cc V12 montado bajo la cabina. Todos los carros posteriores tenían un 3,286cc V12 y estrictamente deberían ser llamados 275 LM conforme al sistema de nomenclatura de Ferrari pero quizá para mantener la ficción de que el auto era un desarrollo del 250 GTO, se mantuvo el nombre original 250 LM.

Sólo se produjeron 32 250 LMs, uno de los cuales fue vestido por Pininfarina con un interior de piel roja y ventanas eléctricas para los turismo. Todos los demás fueron corredores, promovidos por los semejantes de NART en los Estados Unidos, Maranello Concessionaires en el Reino Unido, Scuderia Filipinetti en Suiza y Ecurie Francorchamps en Bélgica.

Inevitablemente, todos los Ferraris con una historia comprobada en las carreras son altamente valuados y rara vez salen a la venta. La venta más reciente de un 250 LM fue en US$ 5'700,000.

País de origen:	Italia
Diseño de carrocería:	Pininfarina
Fecha de fabricación:	1963-1966
Potencia:	320bhp (239kw) @ 8000rpm
Torque máximo:	294Nm (217 lb.ft.) @ 5500rpm
Velocidad máxima:	257km/h (160mph)
0-60mph (0-97km/h):	6.1 segs
Transmisión:	Manual 5 velocidades
Motor:	3,286cc V12
Longitud:	4090mm (161 in.)
Ancho:	1700mm (66.9 in.)
Distancia entre ejes:	2400mm (94.5 in.)
Peso oficial:	861kg (1900 lbs.)
Frenos:	Tambores traseros y delanteros
Suspensión:	Doble horquilla con muelles helicoidales y amortiguadores (F); Doble horquilla con muelles helicoidales y amortiguadores (R)
Venta privada:	2005 US$ 5'700,000 (£3'678,210; €4'312,620)

1967 FERRARI NART SPYDER

Durante los 1950s y 1960s uno de los hombres más importantes en el desarrollo de la marca Ferrari fue Luigi Chinetti, el importador de Ferrari en la Costa Este. Fue él quien persuadió a Ferrari a desarrollar el 250 GT California en 1957, principalmente para el mercado americano, y fue de nuevo Chinetti quien presionó por una versión convertible del Ferrari 275 GTB/4 en 1966.

Al principio Enzo Ferrari declinó porque la compañía acababa de lanzar el lujoso 330 GTS Spyder. Pero Chinetti, quien había ganado en Le Mans para Ferrari en 1949 y cuyos sentimientos por los deseos de los clientes americanos eran indudablemente acertados, persistió para que se hiciera un Spyder sin adornos y de altísimo desempeño.

Eventualmente, Ferrari accedió y comisionó a Scaglietti crear una carrocería roadster de aluminio en 1967 a la que Chinetti rápidamente equipó con una barra estabilizadora y metió en las 24 Horas de Sebring. Llegó segundo de su clase, a pesar de la total falta de preparación para la carrera y fue nombrado el Ferrari NART Spyder (por North American Racing Team, el equipo de competencias de Chinetti).

Bajo el cofre había un V12 de 3.3 litros con cuatro árboles de levas – lo que explica el nombre GTB/4 – y seis carburadores Weber. Su potencia era de 300bhp en forma standard y 330bhp afinado para competencia. La suspensión independiente fue traída del 275 GTB/4 diseñado por Pininfarina, así como el transeje de cinco velocidades que ayudaba a asegurar la óptima distribución del peso.

Quizá demasiado optimista, Chinetti ordenó 25 NART Spyders a la fábrica, aunque de hecho sólo se entregaron diez y, sorprendentemente, Chinetti tuvo que venderlos con descuento. De los diez vendidos, sólo dos tenían la carrocería original de aluminio, que luego fue descartada a favor de la ligeramente más pesada pero menos cara carrocería de acero.

Uno de los clientes más famosos del 275/4 NART Spyder fue el actor de cine Steve McQueen quien condujo el auto de carreras de Sebring real en la película "The Thomas Crown Affair". Fue una astuta forma de colocación de productos de Chinetti, empezando porque McQueen pronto colocó una orden. Sin embargo, para cumplir con los requerimientos de Hollywood, Chinetti tuvo que repintar el auto en color borgoña ya que pensaban que se vería mejor en la película que el amarillo pálido original "Giallo Solare".

El auto fue luego vendido a Norman Silver, quien lo regresó a su color original y lo mantuvo en su colección hasta su muerte en 1985. Otro NART Spyder fue vendido en US$ 2'000,000 en 1998 pero el auto del chasis original 09437, debido a su carrocería de aluminio y a su historia, vale inevitablemente más. Cuando se ofreció en subasta en 2005 el martillo cayó a los US$ 3'960,000.

País de origen:	Italia
Diseño de carrocería:	Scaglietti
Fecha de fabricación:	1967-1968
Potencia:	300bhp (223.7kw) @ 8000rpm
Torque máximo:	294.2Nm (217 lb.ft.)
Velocidad máxima:	250km/h (155mph)
0-60mph (0-97km/h):	6.7 segs
Transmisión:	Manual 5 velocidades
Motor:	3,286cc V12
Longitud:	4409mm (173.6 in.)
Ancho:	1725mm (67.9 in.)
Distancia entre ejes:	2400mm (94.5 in.)
Peso oficial:	1114kg (2456 lbs.)
Frenos:	Tambores traseros y delanteros
Suspensión:	Doble horquilla con muelles helicoidales y amortiguadores (F); Doble horquilla con muelles helicoidales y amortiguadores (R)
Venta en subasta:	2005 US$ 3'960,000 (£2'555,388; €2'996,136)

1996 McLAREN F1

Gordon Murray, el hombre detrás del desarrollo del McLaren F1, tenía ideas muy firmes sobre lo que quería lograr. Sería el auto más rápido y de desempeño más puro del mundo, construido sin reparar en costos. Sería impulsado por un motor de aspiración natural, porque la respuesta de una unidad turbocargada no estaría lista inmediatamente. Su peso se mantendría al mínimo absoluto. Y tendría tan pocas ayudas electrónicas para el conductor como fuera posible – así que no tendría control de tracción y ni siquiera un sistema de frenos ABS.

El chasis monocasco fue construido con fibra de carbón, el primer carro del mundo en usar esta costosa tecnología. Titanio, magnesio, kevlar e incluso oro (para reflejar el calor del motor) se emplearon como parte de la especificación del máximo auto de turismo.

Murray había deseado originalmente usar un motor Honda, derivado del actual McLaren-Honda F1 pero cuando se demostró que no era posible, se dirigió a BMW quien creó para el McLaren F1 un nuevo V12 que producía 626bhp (468kw) y 480 lb.ft (651Nm) de torque. Combinado con el ligero peso del auto, esto fue suficiente para ofrecer una aceleración de 0-60mph en 3.2 segundos y una velocidad máxima de 231mph (372km/h) – haciéndolo cómodamente, el carro más rápido del mundo, un honor que mantuvo por muchos años.

El auto también sería lo más compacto posible, y para lograr esto, Murray optó por un extraño arreglo de los asientos, con el piloto sentado en el centro y dos pasajeros un poco más atrás en la cabina. Cuando el McLaren F1 fue lanzado, afirmaba que su arreglo de asientos era único, pero de hecho ya había sido propuesto hacía desde 1947 en un Lancia Prototipo.

Como parte integral de la búsqueda de Murray de la pureza tanto en la ingeniería como en el diseño, la carrocería hecha por Peter Stevens no usó alerones notorios aunque había uno trasero imperceptible y que se ajustaba en frenados fuertes para balancear el centro de gravedad. En general, el diseño de la carrocería, que incorporaba un difusor trasero para crear un grado de efecto de tierra para incrementar la fuerza hacia abajo a grandes velocidades, alcanzaba un coeficiente de agarre de 0.32.

McLaren originalmente pretendía vender 300 autos F1 pero al final sólo se fabricaron 106, de los cuales 64 eran de turismo y el resto prototipos, carros de carreras y una serie de cinco modelos F1 LM con especificaciones más altas.

En su lanzamiento el precio del McLaren F1 fue de US$ 970,000 pero los súper carros entran al mercado en tan raras ocasiones que el 2008 un ejemplar prístino fue vendido en £2'530,000, casi US$4 millones.

N961 JRK

N961 JRK

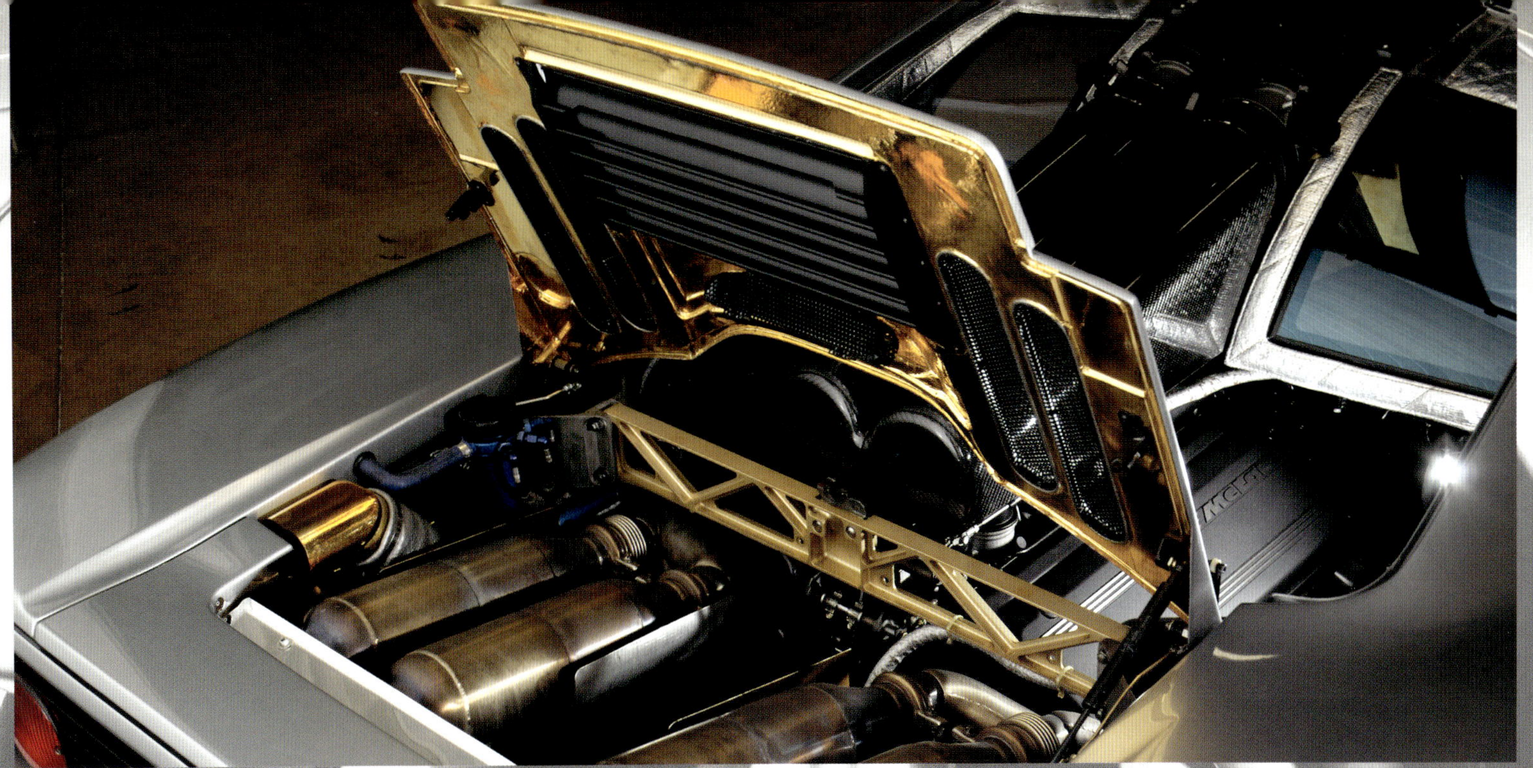

País de origen:	Reino Unido
Diseño de carrocería:	Peter Stevens
Fecha de fabricación:	1993-1998
Potencia:	627bhp (468kw) @ 7400rpm
Torque máximo:	479 lb.ft (649Nm) @ 5600rpm
Velocidad máxima:	372km/h (231mph)
0-60mph (0-97km/h):	3.2 segs
Transmisión:	Manual 6 velocidades
Motor:	6,064cc V12
Longitud:	4288mm (168.9 in.)
Ancho:	1820mm (71.7 in.)
Distancia entre ejes:	2718mm (107 in.)
Peso oficial:	1138kg (2500 lbs.)
Frenos:	Discos ventilados
Suspensión:	Doble horquilla con amortiguadores de aleación ligera y muelles helicoidales coaxiales (F); Doble horquilla en amortiguadores de aleación ligera y muelles helicoidales coaxiales (R)
Precio en subasta:	2008 US$ 3'920,657 (£2'530,000; €2'966,369)

CRÉDITOS DE LAS FOTOGRAFÍAS

Portada y página 1 – 1960 Maserati Tipo 61 "Birdcage"
Páginas 2, 4 – 1936 Mercedes-Benz 540K Cabriolet A
Página 192 – 1939 Mercedes-Benz W154
Contraportada – 1966 Ferrari 275 GTB4
Copyright de todas las imágenes de Simon Clay excepto las señaladas.

Copyright de las imágenes de las siguientes páginas de Tom Wood
70, 71, 72, 73, 74, 75, 76, 77 136, 137, 138, 139, 151, 152, 153, 54, 155, 156, 157, 182, 183, 184, 188, 189, 190, 191

Un agradecimiento especial a Mark Donaldson por sus consejos y los estimados a precios actuales.

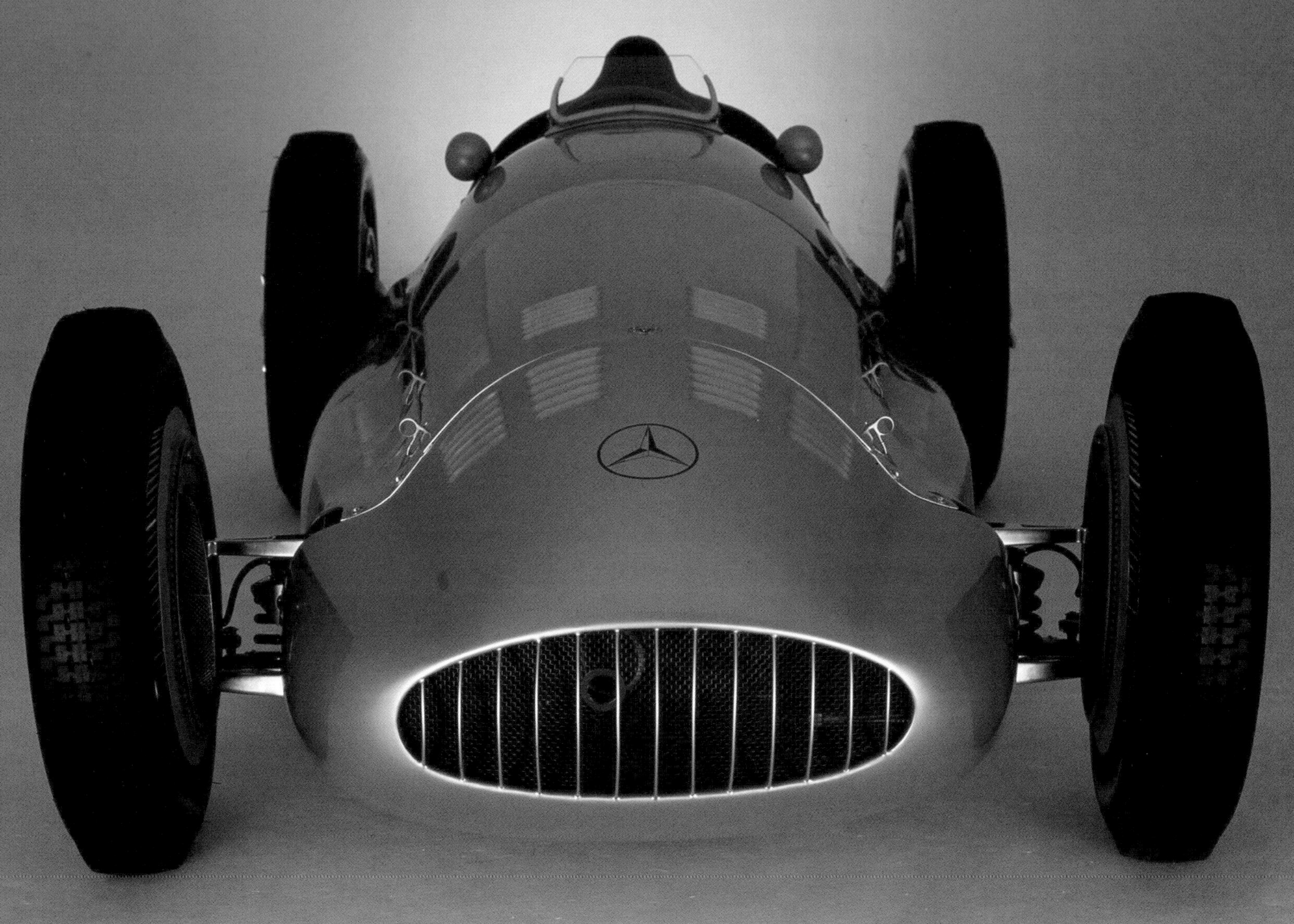